电力系统自动化与智能电网技术研究

DIANLI XITONG ZIDONGHUA YU ZHINENG DIANWANG JISHU YANJIU

刘　宁　李国伟　田军胜　著

東北林業大學出版社
Northeast Forestry University Press
·哈尔滨·

图书在版编目（CIP）数据

电力系统自动化与智能电网技术研究 / 刘宁，李国伟，田军胜著．— 哈尔滨：东北林业大学出版社，2023.7

ISBN 978-7-5674-3258-1

Ⅰ．①电… Ⅱ．①刘… ②李… ③田… Ⅲ．①电力系统自动化②智能控制—电网 Ⅳ．①TM76

中国国家版本馆 CIP 数据核字（2023）第 132199 号

责任编辑：国　徽
封面设计：陈　卫
出版发行：东北林业大学出版社（哈尔滨市香坊区哈平六道街 6 号　邮编：150040）
印　　装：北京俊林印刷有限公司
开　　本：710 mm×1000 mm　1/16
印　　张：12
字　　数：190 千字
版　　次：2023 年 7 月第 1 版
印　　次：2023 年 7 月第 1 次印刷
书　　号：ISBN 978-7-5674-3258-1
定　　价：55.00 元

如发现印装质量问题，请与出版社联系调换。（电话：0451-82113296　82191620）

前言 PREFACE

《电力系统自动化与智能电网技术研究》是一本专注于电力系统自动化和智能电网技术的研究著作。本书旨在系统地介绍电力系统的自动化技术和智能电网的应用，提供深入的理论探讨和实践应用的指导，让读者了解和掌握相关领域的最新进展和发展趋势。

本书共分为七个章节，从不同角度深入探讨了电力系统自动化和智能电网的关键问题。在第一章中，我们首先概述了电力系统的基本概念和背景，引出了电力系统碳排放和低碳电力系统规划的重要性。随后，我们详细讨论了电力系统中的储能技术、稳定性研究、规划和设计、电力电子技术应用、智能化技术的应用，以及电力系统的安全性及防治措施。在第八节和第九节中，我们着重分析了电力系统变电运行的安全性和物联网技术在电力系统中的应用。在第十节中，我们重点介绍了电力系统电气试验技术。

第二章至第七章分别探讨了电力系统的有功功率平衡和频率调整、电压调节和无功功率控制技术、电力系统调度自动化、电力系统供配电自动化、电力系统自动化的安全问题研究，以及电力系统自动化与智能电网理论研究。每章涵盖了各自领域的关键问题和最新研究成果，为读者深入理解电力系统自动化和智能电网技术提供了重要参考。

本书旨在为电力系统自动化和智能电网领域的从业人员、研究人员和学生提供全面而深入的知识和理论基础。通过阅读本书，读者可以了解电力系统自动化和智能电网的基本概念、关键技术和应用场景，从而在实践工作和研究中更好地理解和应用相关的技术和方法。

我们希望本书能够为读者提供一个全面的视角，使其能够深入了解电力系统自动化和智能电网领域的最新进展，并为实际工作和研究提供有益的指导和启示。无论是电力行业的从业人员，还是学术界的研究人员和学生，都可以从本书中获得实用的知识和技术，以应对电力系统自动化和智能电网领域日益复杂和多变的挑战。

在本书的撰写过程中，我们参考了大量的研究论文、专业著作和行业报告，力求提供准确、全面和最新的信息。我们还将多年的实践经验与理论研究相结合，以期为读者提供一本既具有学术深度又具有实践指导意义的专业用书。我们要感谢所有对本书撰写和出版过程中给予支持和帮助的人员和机构。由于作者水平有限，加之时间仓促，难免存在疏漏和不足之处，恳请读者批评指正。

作　者

2023 年 5 月

目录
CONTENTS

第一章　电力系统概述

第一节　电力系统碳排放及低碳电力系统规划

一、电力系统碳排放

电力系统碳排放指的是在电力的生产、传输和使用过程中所产生的二氧化碳（CO_2）和其他温室气体的排放量。温室气体的排放是影响气候变化的主要因素之一，对全球变暖和气候变化产生重要影响。

电力系统碳排放主要来自燃烧化石燃料的发电过程，包括煤炭、天然气和石油等传统能源的燃烧。在这些燃烧过程中，碳元素与氧气结合形成二氧化碳，并释放到大气中。此外，电力系统中的其他活动，如输电线路的能量损耗和电力设备的制造、建设和维护过程也会产生间接的碳排放。

电力系统碳排放的数量与电力需求、能源结构、能源效率等因素密切相关。电力需求的增长会导致电力系统碳排放的增加，而能源结构的改变和能源效率的提高可以减少碳排放量。低碳能源的比例增加、可再生能源的利用和能源转型是减少电力系统碳排放的关键策略。

为了应对气候变化和减少电力系统碳排放，许多国家和地区都制定了政策和法规，推动清洁能源的发展和应用，鼓励能源效率的提升，以及采取碳排放限制和交易等措施来减少电力系统碳排放。

电力系统碳排放的减少是实现可持续能源发展和应对气候变化的重要目标之一。通过采取减少碳排放的措施，电力系统可以为构建低碳经济和可持续发展做出重要贡献。

二、低碳电力系统规划

低碳电力系统规划是为实现低碳电力系统目标而进行的长期规划和决策过程。它旨在通过优化能源结构、提高能源效率、推动可再生能源发展等措施，减少电力系统的碳排放，促进可持续能源的利用和气候变化的应对。低碳电力系统规划的概念包括以下几个方面。

（一）目标设定

低碳电力系统规划的第一步是设定明确的目标。这些目标可以是在特定时间范围内减少碳排放的数量或百分比，增加可再生能源的比例，提高能源效率等。目标的设定应基于科学评估和可行性分析，同时与国家或地区的能源政策和环境目标相一致。

（二）能源结构优化

低碳电力系统规划需要考虑电力系统中不同能源的组成比例。它通过评估各种能源资源的可行性、可再生能源的潜力、传统能源的替代方案等来优化能源结构。该过程涉及对各种能源的供应可靠性、经济性和环境影响等因素的综合考虑。

（三）能源效率提升

提高能源效率是低碳电力系统规划的重要方面。这包括改进发电设备和输电线路的效率，减少能源损耗，推广高效用电设备和技术等。能源效率的提升可以减少能源消耗，降低碳排放，并为电力系统提供可持续的能源供应。

（四）可再生能源发展

低碳电力系统规划强调推动可再生能源的发展和利用。这包括风能、太阳能、水能、生物质能等可再生能源的开发，以及相应的技术支持和政策措施。通过增加可再生能源的比例，电力系统可以减少对传统化石燃料的依赖，减少碳排放。

（五）系统灵活性和储能

低碳电力系统规划还需要考虑电力系统的灵活性和储能能力。由于可再生能源的波动性和间歇性，电力系统需要具备灵活的调度能力和储能设施来平衡供需并稳定运行。这可能涉及调度策略的改进、储能技术的引入以及与其他能源系统的协调等措施。

（六）政策和法规支持

低碳电力系统规划需要在政策和法规层面得到支持。政府和相关机构可以制定和实施相关政策，如可再生能源配额制度、碳排放限制和交易机制、税收激励等，以促进低碳电力系统的发展。此外，建立适应性强、灵活性高的法律框架和监管机制也是推动低碳电力系统规划的重要环节。

（七）技术创新和研发

低碳电力系统规划还需要依靠技术创新和研发。这涉及新能源技术、能源储存技术、智能电网技术等的研究和应用。通过推动技术创新，可以提高可再生能源的利用效率、降低能源系统的碳排放，并为低碳电力系统的实施提供技术支持。

（八）综合评估和决策支持

在制定低碳电力系统规划时，需要进行全面的评估和分析。这包括对能源供应和需求的评估、环境影响评估、经济成本效益分析等。同时，决策支持工具和模型的应用可以帮助决策者进行可行性研究和方案选择，为低碳电力系统规划提供决策支持。

低碳电力系统规划是一个综合性的系统工程，需要各方面的协调合作和持续努力。通过科学规划和有效实施，可以实现电力系统的可持续发展，减少碳排放，促进经济增长和环境保护的协同发展。

第二节 电力系统中的储能技术

一、蓄电池储能技术

蓄电池是将电能储存在化学电池中，并在需要时将化学能转化为电能释放出来。常见的蓄电池包括铅酸电池、锂离子电池、钠硫电池等。蓄电池储能技术广泛应用于储能系统、电动车辆以及分布式能源系统等领域。

（一）常见的蓄电池技术

铅酸电池。铅酸电池是最早应用的蓄电池技术之一，具有成熟的制造工艺和较低的成本。它采用铅和铅氧化物作为电极材料，硫酸溶液作为电解液。铅酸电池具有较低的能量密度和功率密度，适用于中小功率的储能应用。

锂离子电池。锂离子电池是目前最常用的蓄电池技术之一，具有较高的能量密度和循环寿命。它采用锂盐和碳基材料作为电极材料，有机溶液或固态电解质作为电解液。锂离子电池具有较高的能量密度、较长的寿命和较低的自放电率，适用于电动车辆和大规模储能系统等。

钠硫电池。钠硫电池是一种高温电池技术，采用钠和硫作为电极材料，高温操作时钠离子在电解质中进行循环。钠硫电池具有较高的能量密度和循环寿命，适用于长时间储能和大容量储能应用。

（二）蓄电池储能技术的优势和特点

蓄电池储能技术在电力系统中具有多项优势和特点，使其成为广泛应用的储能解决方案。

第一，蓄电池储能技术具有快速的能量存储和释放速度。蓄电池能够迅速进行充电和放电操作，在需要时能够快速释放储存的能量。这种快速响应的特性使得蓄电池在瞬态需求和紧急电力供应方面具有重要作用，例如电力系统的调峰调频和备用电源。

第二，蓄电池具有高效的能量转换性能。现代蓄电池技术能够高效地将储存的化学能转化为电能，并将其供应给电力系统。这意味着蓄电池储能系统能够以高能量转换效率提供稳定可靠的电能输出，减少能源损耗和浪费。

第三，蓄电池还具有较长的循环寿命，能够进行数千次的充放电循环。这使得蓄电池在长期使用和频繁循环充放电的应用中具有可靠性和耐久性，减少了更换和维护的频率和成本。

第四，蓄电池储能系统具有较高的可调度性。通过灵活控制充放电过程，蓄电池能够根据电力系统的负荷需求和储能需求进行调解。这使得蓄电池系统能够更好地适应电力系统的变化和波动，提供可靠的能量支持。

第五，蓄电池储能技术通常采用模块化设计，使得系统具有较高的灵活性和可扩展性。模块化设计使得蓄电池系统可以根据实际需求进行容量的扩展或缩减，以满足不同规模和功率需求的电力系统。

第六，蓄电池储能技术具有环保和可再生性。现代蓄电池技术中使用的材料大多环保且可回收利用，符合可持续发展的要求。同时，蓄电池储能系统可以与可再生能源系统相结合，实现清洁能源的储存和利用，进一步减少碳排放和环境影响。

尽管蓄电池储能技术存在一些挑战和限制，如成本较高、能量密度有限和安全性有待提高，但随着技术的不断进步和成本的降低，蓄电池储能技术在电力系统中的应用前景广阔。它为电力系统提供了灵活、可靠、可持续的能源储备和调节能力，有助于实现电力系统的低碳化和可持续发展目标。

二、抽水蓄能技术

抽水蓄能技术是一种重要的大规模储能解决方案，通过利用水位差和涡轮发电机的工作原理，将电能转化为水能并储存起来，需要时再将水能转化回电能进行发电。该技术通常通过建设水库和水泵站两部分设施来实现。

在抽水蓄能系统中，水从低处的水库被抽升到高处的蓄能池中，将电能转化为潜在水能。这个过程通常发生在低电负荷时段或能源供应过剩的时候，以利用低成本的电力。当电力需求高峰时，储存在蓄能池中的水通过下泄管道和涡轮发电机流过，驱动涡轮旋转并产生电能，以满足电力需求。通过这种方式，抽水蓄能技术实现了电能的存储和释放。抽水蓄能技术具有几个关键特点和优势。

（一）高效能量转换

抽水蓄能系统的能量转换效率较高，通常可达到 70% 以上。这是由于水在下泄过程中可以充分利用重力势能来驱动涡轮发电机，实现高效的能量转换。相比其他储能技术，抽水蓄能系统具有较低的能量转换损失。

（二）大容量储能

抽水蓄能系统具有较大的储能容量，能够在数小时至数天的时间范围内储存大量的能量。这使得它在大规模能源储存和调峰调频方面具有优势，能够应对电力系统的长时间储能需求和高峰负荷需求。

（三）快速响应能力

抽水蓄能系统具有快速的响应能力，能够在短时间内启动并提供稳定的电力输出。当电力需求突然增加时，抽水蓄能系统可以迅速启动并释放储存的水能，以满足电网的瞬态需求。

（四）长寿命和可靠性

抽水蓄能系统的主要组成部分包括水库、水泵、下泄管道和涡轮发电机等设备，这些设备通常具有长寿命和可靠性。适当的维护和管理可以确保抽水蓄能系统的稳定运行和长期可靠性。

（五）环境友好和可持续性

抽水蓄能技术是一种清洁能源储存方案，它利用水作为储能介质，不产生温室气体排放和污染物排放。同时，抽水蓄能系统与可再生能源系统（如风力发电和太阳能发电）相结合时，能够提升可再生能源的储存和调度能力，促进清洁能源的大规模利用。

（六）灵活的运营和调度

抽水蓄能系统具有较高的运营和调度灵活性。它可以根据电力系统的需求和市场情况，灵活地进行充放电调节。通过合理地运营和调度策略，抽水蓄能系统可以提供电力系统的稳定性、调峰调频和备用能力。

（七）地理适应性

抽水蓄能技术的实施并不受地理条件的限制。只要存在高低水位差和足够的水源，抽水蓄能系统可以在各种地理环境下建设，包括山区、平原、河流等地区。

（八）水资源管理

抽水蓄能技术可以与水资源管理相结合，实现多功能利用。在下泄过程中，释放的水可以用于灌溉、供水和环境保护等用途，提高水资源的综合利用效率。

（九）长期投资回报

尽管抽水蓄能系统的建设和运营成本较高，但它具有长期投资回报的潜力。由于其长寿命、低维护成本和可再生能源结合的优势，抽水蓄能系统可以在较长时间内提供稳定的收益。

尽管抽水蓄能技术具有许多优势，但也存在一些挑战。例如，抽水蓄能系统的建设需要大规模的土地和水资源，可能涉及环境影响和社会影响评估。此外，技术的成熟度和成本效益也需要进一步改进，以提高抽水蓄能技术的竞争力和可持续发展性。

三、压缩空气储能技术

压缩空气储能技术（Compressed Air Energy Storage，CAES）是一种重要的储能解决方案，能够将电能转化为压缩空气，并在需要时释放压缩空气来产生电能。

（一）储能原理

压缩空气储能技术基于压缩空气的物理特性，通过将电能转化为机械能，将空气压缩到高压状态并储存起来。储存介质通常采用地下洞穴或大型储气罐，能够存储大量的压缩空气。在需要释放能量时，压缩空气通过放空阀门进入涡轮发电机组，推动涡轮发电机产生电能。

（二）储能效率和容量

压缩空气储能技术具有较高的储能效率和大容量的特点。通过合理的系统设计和高效的压缩和膨胀过程，压缩空气储能系统可以达到 70%~85% 的储能效率，将电能转化为压缩空气并再次转化为电能。同时，储气罐或地下洞穴作为储存介质能够提供大规模的储能容量，适用于长时间储能和大功率放电。

（三）调峰调频和能量调度

压缩空气储能技术在电力系统中具有重要的调峰调频功能。通过在电力需求低谷时期利用低成本的电力将空气压缩储存，然后在电力需求高峰时期释放压缩空气来产生电能，压缩空气储能系统能够平衡电力系统的供需差异，提供稳定的电力输出，降低高峰时段的电力成本。

（四）灵活性和可调度性

压缩空气储能系统具有较高的灵活性和可调度性，能够根据电力系统的负荷需求和市场需求进行灵活的充放电控制。通过合理的调度策略，系统能够根据市场电价和电力系统需求进行优化运行，提供最佳的能源利用和经济效益。

（五）可靠性和响应速度

压缩空气储能系统具有快速启动和停止的能力，能够在短时间内响应电力需求的变化。这使得它在调节电力系统频率、提供备用电源以及应对电网故障等方面具有重要作用。压缩空气储能系统能够快速启动并提供稳定的电力输出，确保电网的稳定运行。

（六）可持续性和可扩展性

压缩空气储能技术具有良好的可持续性和可扩展性。储气罐或地下洞穴作为储存介质可以长期使用，并能够根据需求进行扩展。此外，随着技术的发展，压缩空气储能系统的容量和效率还有进一步提升的潜力，有望满足不断增长的能源储存需求。

尽管压缩空气储能技术具有许多优势，但也存在一些挑战。其中包括储气罐和地下洞穴的建设和维护成本较高，系统的能量损耗问题以及对地理条件的限制等。然而，随着技术进步和经验积累，这些问题逐渐得到解决，并促进了压缩空气储能技术的进一步发展和应用。

总的来说，压缩空气储能技术作为一种高效、大容量的储能解决方案，在电力系统中发挥着重要的作用。它能够提供灵活的电力调度和稳定的电力输出，支持电力系统的可持续发展和能源转型。随着清洁能源和储能技术的不断发展，压缩空气储能技术有望在未来的能源系统中发挥更加重要的角色。

第三节　电力系统稳定性研究

电力系统稳定性研究是电力系统领域的一个重要课题，旨在分析和评估电力系统在面对各种扰动和故障情况下的稳定性能。电力系统稳定性是指系统在扰动或故障后恢复到稳定工作状态所需的能力。

一、电力系统的稳定性研究内容

电力系统的稳定性研究主要包括以下几个方面。

（一）动态稳定性研究

动态稳定性研究关注电力系统在发生大幅度扰动后的瞬态响应和恢复过程。该研究涉及电力系统的动态行为、振荡特性和暂态稳定性等方面。通过分析系统的动态响应，可以评估系统的稳定性，并提出改进和控制措施。

（二）静态稳定性研究

静态稳定性研究侧重于分析电力系统在正常工作条件下的稳定性问题，主要研究电力系统的电压稳定性和功率稳定性。电压稳定性研究关注电力系统中节点电压的维持和控制，确保系统各节点的电压在合理范围内。功率稳定性研究关注电力系统的功率平衡和功率流控制，保证系统的功率供需平衡。

（三）暂态稳定性研究

暂态稳定性研究关注电力系统在故障发生后的暂态过程，特别是系统的振荡和稳定恢复过程。通过分析系统的暂态过程，可以评估系统在故障后的稳定性，并采取措施避免系统发生失稳。

（四）频率稳定性研究

频率稳定性研究关注电力系统中的频率响应和频率控制。频率是电力系统运行中的重要参数，对于系统的稳定性和运行质量具有重要影响。频率稳定性主要研究电力系统在负荷变化或发电机组故障等情况下的频率响应和恢复能力，以确保系统的频率在合理范围内。

二、电力系统稳定性研究目标

电力系统稳定性研究的目标主要包括以下几个方面。

（一）评估系统的静态和动态稳定性能力

稳定性研究的首要目标是评估电力系统在各种故障和扰动情况下的稳定性能力。通过模拟和仿真故障事件，如发电机故障、传输线路故障或负荷突变等，可以分析系统的动态响应特性，如振荡频率、阻尼比、稳定恢复时间等，以判断系统的稳定性水平。

（二）确定系统的稳定性限制和脆弱性

稳定性研究可以帮助揭示电力系统的稳定性限制和脆弱性，即系统在面对特定故障或操作条件时可能出现的稳定性问题。通过对系统的模拟和分析，可以识别潜在的稳定性问题，并确定系统的脆弱点，为系统规划和运行提供重要参考。

（三）提出改进和控制措施

稳定性研究的另一个目标是提出改进和控制措施来提高系统的稳定性。根据稳定性分析的结果，可以确定系统中可能引起稳定性问题的因素，并针对性地采取控制策略，如发电机励磁控制、无功补偿、电压控制、调频控制等，以增强系统的稳定性能力。

（四）支持系统规划和运行决策

稳定性研究为系统规划和运行决策提供重要支持。通过评估系统的稳定性能力，可以确定系统的容量和传输能力，为电力系统的扩容和规划提供指导。此外，稳定性研究还为电力系统运行提供了运行限制和安全边界，以指导运营商在日常运行中的决策和操作。

总体而言，电力系统稳定性研究的目标是确保电力系统在面对各种故障和扰动情况下能够保持稳定运行，并提供改进措施和支持决策，以保障电力系统的可靠供电和安全运行。

三、电力系统稳定性研究意义

电力系统稳定性研究对于电力系统的运行和规划具有重要意义。它可以帮助运营商和规划者了解系统的稳定性限制和脆弱性，制定相应的运行和规划策略。此外，稳定性研究也为新能源接入、电力市场和智能电网等领域的发展提供支持，促进电力系统的可持续发展和安全运行。

保障电力系统的安全运行。电力系统是现代社会不可或缺的基础设施，稳定供电对社会经济和人民生活至关重要。稳定性研究可以帮助运营商和规划者了解系统的稳定性能力，识别系统中可能导致不稳定的因素，并制定相应的控制策略和运行规范，以确保电力系统的安全运行和供电可靠性。

提高电力系统的容量和可靠性。电力系统稳定性研究为电力系统的规划和扩容提供了重要的依据。通过评估系统的稳定性能力，可以确定系统的容量和传输能力，为电力系统的扩展和升级提供指导。稳定性研究还可以帮助识别系统的瓶颈和薄弱环节，并提出相应的改进措施，以提高系统的可靠性和稳定性。

促进新能源接入和可持续发展。随着可再生能源的不断发展和大规模接入电力系统，稳定性研究对于实现可持续发展目标至关重要。可再生能源具有不确定性和波动性，如风能和太阳能的间歇性。稳定性研究可以评估新能源接入对电力系统稳定性的影响，并提出相应的调节措施和储能方案，以确保新能源的平稳接入和有效利用。

支持电力市场和智能电网的发展。电力市场和智能电网的建设需要充分考虑电力系统的稳定性。稳定性研究可以为电力市场设计和运行提供稳定性限制和安全边界，以保证市场交易的可靠性和公平性。对于智能电网来说，稳定性研究可以帮助优化能源管理和分布式能源资源的调度，提高电力系统的可持续性和韧性。

电力系统稳定性研究对于保障电力系统的安全运行、提高容量和可靠性、促进新能源接入和可持续发展，以及支持电力市场和智能电网的发展具有重要意义。通过稳定性研究，可以识别系统的稳定性问题并提出解决方案，为电力系统的规划、运行和管理提供科学依据和技术支持。

第四节 电力系统的规划和设计

电力系统的规划、设计和建设是确保电力供应的可靠性、经济性和可持续性的关键步骤。它涉及多个方面，可以分为以下几个部分进行详细阐述。

一、负荷预测和需求分析

电力系统规划的第一步是进行负荷预测和需求分析。通过收集和分析历史数据、经济发展预测和能源需求趋势，确定未来一段时间内的电力需求量、负荷分布和负荷特性。这为后续的系统规划和设计提供了基础数据。

二、发电资源规划

根据负荷预测和需求分析结果，进行发电资源规划。这包括确定合适的发电技术和资源类型，如化石燃料发电、核能发电、可再生能源发电等。同时考虑能源安全、环境影响和经济性等因素，确定发电容量、布局和配置方案。

三、输电和配电网络规划

在确定了发电资源后，进行输电和配电网络规划。这包括确定输电线路、变电站和配电设备的布局和容量，以满足负荷需求和发电资源的接入要求。规划还需考虑电力系统的可靠性、灵活性和扩展性，以适应未来负荷增长和新能源接入的需求。

四、能源储存和调度

随着可再生能源接入的增加，能源储存和调度成为重要的规划考虑因素。根据能源供需特点和系统调度需求，规划和设计适当的能源储存设施，如抽水蓄能、储能电池等，以平衡电力系统的供需差异、提供备用能源和调峰调频能力。

五、智能电网和数字化技术应用

随着信息技术的发展，智能电网和数字化技术在电力系统规划中发挥越来越重要的作用。规划和设计智能电网的关键是确定合适的通信和控制系统，以实现智能化的监控、运行和管理。此外，考虑到数据安全、系统稳定和可靠性，还需制定相应的网络架构和安全策略。

六、环境影响评估和社会接受度

电力系统规划和设计必须充分考虑环境影响和社会接受度。进行环境影响评估，就是评估电力系统建设和运营对环境的影响，包括大气污染、水资源利用、土地占用等方面。同时，要考虑社会接受度，与利益相关方进行沟通和协商，确保电力系统建设和运营符合社会和环境可持续发展的要求。

七、经济性评估和财务分析

在电力系统规划和设计过程中，进行经济性评估和财务分析至关重要。评估不同方案的成本、收益和风险，以找到最优的方案。这包括建设和运营成本、资本投资回报、电价制定和电力市场参与等方面。经济性评估和财务分析有助于制定可行的规划和设计策略，并确保电力系统的经济效益和可持续性。

八、技术可行性和可靠性分析

在电力系统规划和设计过程中，进行技术可行性和可靠性分析是必要的。评估不同技术方案的可行性、技术成熟度和可靠性，以确定适合的技术和设备选择。这涉及电力系统的设备性能、技术标准、可靠性指标和设备寿命等方面。技术可行性和可靠性分析有助于确保电力系统的安全稳定运行和设备的长期可靠性。

九、规划和设计的综合考虑

电力系统规划和设计需要综合考虑上述各个方面的因素，并进行权衡和决策。综合考虑经济性、可靠性、环境影响、社会接受度和技术可行性等方面的因素，制定综合的规划和设计策略。这需要跨学科的合作和综合分析，确保电力系统的可持续发展和综合效益。

总的来说，电力系统的规划和设计是一个复杂而综合的过程，涉及负荷预测、发电资源规划、输电和配电网络规划、能源储存和调度、智能电网和数字化技术应用、环境影响评估、经济性评估和财务分析、技术可行性和可靠性分析等多个方面。通过科学合理的规划和设计，可以确保电力系统的可靠供电、经济运行和可持续发展。

第五节 电力系统电力电子技术应用探讨

电力电子技术在电力系统中的应用广泛，为电力系统的控制、调节和优化提供了关键的技术支持。

一、电力电子技术在电力系统中的应用

（一）变流器和逆变器

变流器和逆变器是电力电子技术最常见的应用之一。它们用于将交流电转换为直流电或将直流电转换为交流电。变流器广泛应用于电力系统中的柔性交流输电（FACTS）设备、高压直流输电（HVDC）系统、电力电子变压器等，用于实现功率调节、电压调节和电能传输等功能。逆变器主要用于可再生能源发电系统（如太阳能和风能）的输出电能转换，以及交流电力传输和分配过程中的电能调节和控制。

（二）电力电子变压器（PST）

电力电子变压器是一种通过电力电子技术实现的新型变压器。与传统的变压器相比，PST 具有更高的灵活性和可调性。它可以根据电力系统的需要调整变比、相位角和功率因数等参数，以实现电力系统的稳定调节和优化运行。PST 广泛应用于电力系统的电压和功率调节、电能传输和电网稳定控制等方面。

（三）静止无功补偿装置（STATCOM）

STATCOM 是一种用于电力系统的静止无功补偿设备，通过电力电子技术提供无功功率的快速调节和补偿。STATCOM 能够实时响应电力系统的无功功率需求变化，提供电压调节、电网稳定和电能质量改善等功能。它被广泛应用于电力系统中的无功功率补偿、电压控制和电网稳定等方面。

（四）电力电子断路器（PEB）

电力电子断路器是一种用于电力系统的快速断开和连接设备。传统的断路器主要用于保护电力系统中的设备和线路，而电力电子断路器具有更快的断开和连接速度，能够实现更精确的保护和控制。它被广泛应用于电力系统的故障处理、短路保护和电力系统的可靠性提升等方面。

（五）智能电网和分布式能源系统

电力电子技术在智能电网和分布式能源系统中发挥着关键作用。

智能电网是一种基于先进的通信、控制和信息技术的电力系统，它实现了电力系统的智能化和自动化管理。电力电子技术在智能电网中扮演着至关重要

的角色。它可以用于实现分布式能源资源的接入和管理，如太阳能光伏系统、风力发电系统和电动车充电桩等。电力电子技术还可以实现智能电网中的能量存储和调度，以平衡能源供需之间的差异。

二、电力电子技术的应用领域

（一）电力质量改善

电力电子技术可以用于提高电力系统的质量，包括减少谐波和电压波动，改善电力系统的功率因数和功率质量。通过使用电力电子装置，如有源滤波器和静止无功补偿器，可以实现对电力系统质量的主动控制和调节。

（二）电力系统稳定控制

电力电子技术可用于实现电力系统的稳定控制，包括频率稳定、电压稳定和振荡抑制等。通过使用电力电子装置，如可控电容器和可控电感器，可以实现对电力系统的快速响应和稳定控制，提高系统的动态稳定性。

（三）电力系统节能与效率提升

电力电子技术可以通过控制和调节电力系统中的电能流动，实现电力系统的节能和效率提升。例如，通过采用变频器控制电机的转速，可以提高电动机的效率；通过使用高效的电力电子装置，可以减少能量转换过程中的能量损耗。

（四）电力市场和能源交易

电力电子技术在电力市场和能源交易中起到关键作用。通过使用电力电子装置，可以实现电力系统中的能量计量、电能计费和电力市场交易等功能。电力电子技术还可以实现对分布式能源资源的计量和管理，促进可再生能源的发展和利用。

总的来说，电力电子技术在电力系统中的应用涵盖了多个领域，包括变流器和逆变器、电力电子变压器、静止无功补偿装置、电力电子断路器、智能电网和分布式能源系统等。通过应用电力电子技术，可以实现电力系统的控制、调节和优化，提高系统的可靠性、灵活性和可持续性。它为电力系统提供了更高的可操作性和灵活性，以适应日益复杂和多样化的能源环境。

第六节　电力系统中智能化技术的应用

智能化技术在电力系统中的应用不断增加，为电力系统的管理、运行和控制提供了更高效、可靠和可持续的解决方案。

一、智能电网（Smart Grid）

智能电网是基于先进的通信、控制和信息技术的电力系统，它通过实时数据采集、分析和响应，实现电力系统的智能化管理和优化运行。智能电网应用了物联网、大数据分析、人工智能和云计算等技术，实现了电力系统的自动化、高效性和可靠性。它包括智能测量、远程监控、自动化调度和能源管理等功能，以提高电力系统的可持续性和供电质量。

二、分布式能源资源管理系统（DERMS）

分布式能源资源管理系统是用于管理和优化分布式能源资源的智能化系统。它通过监测、控制和协调分布式能源资源的产生、储存和消费，实现对电力系统的灵活调度和管理。DERMS 应用了智能传感器、数据分析和优化算法等技术，以最大限度地提高分布式能源资源的利用效率、降低能源成本和减少碳排放。

三、智能计量与远程监测系统

智能计量与远程监测系统利用智能电表和远程通信技术，实现了对电力系统中能源使用情况的实时监测和管理。它可以精确测量和记录电能使用情况，提供详细的能源消耗信息和费用计量，以便用户进行能源管理和节能措施的制定。智能计量与远程监测系统还可以实现对电力系统中设备运行状态的远程监测和故障诊断，提高电力系统的可靠性和维护效率。

四、智能配电网（Smart Distribution Grid）

智能配电网是对传统配电网进行智能化改造的一种技术手段。它利用智能传感器、自动化开关和智能控制系统等技术，实现了对配电网中设备和负载的实时监测、远程控制和故障诊断。智能配电网可以实现电力系统的自愈能力、负载均衡和故障快速恢复，提高配电网的可靠性和供电质量。

五、能源管理系统（EMS）

能源管理系统是一种综合应用智能化技术的电力系统管理系统。它通过实时监测和分析电力系统中的能源数据、负荷需求和供需平衡，以实现对能源的高效管理和优化调度。能源管理系统应用了数据采集、大数据分析、人工智能和优化算法等技术，以实现能源的实时监控、预测和调度。它可以提供能源消耗的实时监测和分析，帮助用户制定节能策略和能源优化方案。能源管理系统还可以实现对电力系统中的能源流动、负荷管理和市场交易的智能化控制，提高能源利用效率和电力系统的运行效果。

六、智能电力设备和传感器

智能化技术还应用于电力系统中的各种电力设备和传感器。例如，智能电表可以实现电能使用情况的实时监测和远程管理，帮助用户进行能源管理和费用控制。智能传感器可以实时监测电力设备的运行状态和性能参数，实现设备故障的早期检测和预警。智能化技术还可应用于智能开关、智能变压器和智能断路器等设备，实现对电力系统的自动化控制和智能化管理。

七、人工智能和机器学习

人工智能和机器学习技术在电力系统中的应用也越来越广泛。通过分析历史数据、学习电力系统的运行模式和趋势，人工智能和机器学习算法可以提供对电力系统的预测、故障诊断和优化调度等功能。它们可以帮助电力系统运营商和规划者预测电力需求、优化负荷分配、识别设备故障和优化能源调度，从而提高电力系统的效率和可靠性。

智能化技术在电力系统中的应用范围广泛，包括智能电网、分布式能源资源管理、智能计量与远程监测、智能配电网、能源管理系统、智能电力设备和传感器，以及人工智能和机器学习等。这些智能化技术的应用使得电力系统的管理、运行和控制更加高效、可靠和可持续，促进了电力系统的发展和智能化转型。

第七节　电力系统的安全性及防治措施探讨

确保电力系统的安全性是电力行业的重要任务之一。电力系统安全性及防治措施的几个关键方面。

一、设备和设施安全

（一）设备维护和检修

定期进行设备的检修和维护是确保设备正常运行和可靠性的重要措施。设备维护包括对设备进行清洁、润滑、紧固和调整等常规操作，以保持设备的正常运行状态。同时，定期进行设备的检修，包括设备的检查、测试和维修，以识别和解决潜在的故障隐患。通过定期维护和检修，可以延长设备的使用寿命，提高设备的可靠性和安全性。

（二）设备保护系统

设备保护系统的安装和运行是保护设备免受损害的重要手段。过电流保护、差动保护和接地保护等装置可以监测设备的电流、电压和接地情况，并在异常情况下及时切断电源，以防止设备过载、短路和接地故障引发事故。过电流保护装置可以根据电流水平进行快速切断，以保护设备免受过电流损坏。差动保护装置可以检测设备内部电流的差异，快速切断故障电路，以保护设备免受短路故障的影响。接地保护装置可以及时检测到设备的接地情况，切断电源以防止接地故障引发事故。合理选择和设置保护装置，并制定可靠的保护方案，可以提供全面的设备保护和安全保障。

（三）防雷措施

电力系统设备和设施易受雷击的影响，因此采取防雷措施是必要的。防雷措施包括安装避雷针、接地装置和避雷器等设备。避雷针可以通过提供一个尖锐的金属导体，吸引雷电放电，并将其引导到接地，以减少雷击对设备和设施的影响。接地装置通过提供低阻抗的接地路径，将雷电放电迅速引入大地，以保护设备免受雷击冲击。避雷器则通过限制过电压，防止雷电冲击对设备和设施造成损坏。合理布置避雷器，保护设备免受雷击的破坏。

（四）设备监测和故障诊断

设备监测和故障诊断技术的应用可以实时监测设备的状态和性能，并及时发现潜在的故障和异常。例如，温度监测、振动监测和气体监测等技术可以帮助识别设备的过热、异常振动和故障气体释放等现象。通过实时监测和故障诊断，可以及时采取措施，防止设备故障和事故的发生，提高设备的安全性和可靠性。

（五）设施安全管理

除了设备安全外，电力系统的设施安全同样重要。这包括电力设施的安全设计、施工和运营。在设计阶段，应考虑设施的结构强度、防火安全、电气安全等因素，并符合相关的建筑标准和法规要求。在施工阶段，应确保施工过程符合安全规范，并进行必要的安全监控和质量控制。在运营阶段，应建立健全的安全管理制度，包括设施巡检、事故报告和应急预案等，以确保设施的安全运行。

（六）培训和安全意识

培训电力系统操作人员，并增强他们的安全意识是关键。操作人员应接受专业的培训，了解设备的正确操作和维护方法，并熟悉应急响应程序。他们应具备安全意识，识别和应对潜在的危险和风险，遵循安全规范和操作程序，以确保设备和设施的安全运行。

设备和设施的安全是电力系统中至关重要的方面。通过设备的定期维护和检修、安装适当的保护装置、采取防雷措施、设备监测和故障诊断、设施安全管理以及人员培训和安全意识，可以提高设备和设施的安全性，保障电力系统的可靠运行。

二、电力供应和负荷管理

（一）电力供应可靠性

（1）备用电源和多元化发电源。为了保证电力供应的可靠性，可以采取备用电源和多元化发电源的措施。备用电源包括备用发电机组、蓄电池系统和不间断电源等，以应对主电源的故障或停电情况。多元化发电源指的是采用多种不同类型的发电技术和能源资源，如化石燃料发电、核能发电和可再生能源发电等，以减少对单一能源的依赖性，提高供电的可靠性。

（2）电力系统的弹性和可调度性。提高电力系统的弹性和可调度性是确保电力供应可靠性的关键。弹性是指电力系统能够快速适应负荷变化和应对突发事件的能力。可调度性是指电力系统能够灵活调整发电和输电的能力，以满足不同时间段和区域的负荷需求。为了提高弹性和可调度性，可以采取增加调峰电源、提高发电和输电的灵活性、改善电力市场的交易机制等措施。

（二）负荷管理

（1）负荷预测和负荷调节。通过对负荷进行预测和调节，可以平衡供需关系，避免电力系统出现过载和过负荷运行的情况，提高系统的稳定性和可靠性。负荷预测利用历史数据、负荷曲线和经济发展趋势等信息，预测未来的负荷需求。根据预测结果，进行负荷调节，包括通过发电机组的启停、负荷的调整和电力市场的交易等手段，以确保供电能够满足负荷需求。

（2）负荷侧管理和节能措施。负荷侧管理是指通过促进负荷的灵活调整和优化，提高负荷的效能和效率，实现电力系统的负荷平衡。负荷侧管理包括负荷管理协议、能源管理系统和智能电网技术的应用等。另外，采取节能措施也是重要的负荷管理手段，通过提高能源利用效率、推广节能技术和管理措施，降低负荷需求，减少电力系统的负荷压力，提高系统的可靠性和稳定性。

（3）需求侧响应。需求侧响应是一种通过激励用户在负荷高峰期降低用电需求的措施。通过与用户签订合同，并提供经济激励措施，鼓励用户在电力系统需求高峰期减少用电，从而平衡供需关系，减轻电力系统的负荷压力。

（4）电力市场运营和交易机制。建立有效的电力市场运营和交易机制，促进供需双方的交互和协调。电力市场可以通过电力交易和调度机制，根据供需情况实现电力资源的有效配置和优化，确保电力系统的供应可靠性和经济性。

（5）智能电网技术应用。智能电网技术的应用可以实现对电力系统负荷的智能管理和优化。通过采用先进的通信、控制和信息技术，智能电网可以实时监测和管理电力系统的负荷情况，进行负荷预测和调节，实现负荷的智能控制和优化运行，以提高电力系统的可靠性和负荷管理的效率。

电力供应的可靠性和负荷管理是确保电力系统安全性的重要方面。通过备用电源和多元化发电源、提高电力系统的弹性和可调度性，以及负荷预测和调节、负荷侧管理和节能措施等手段，可以平衡供需关系，提高电力系统的稳定性、可靠性和经济性。

第八节　电力系统变电运行安全分析

电力系统的变电运行安全分析是对变电站及其相关设备在运行过程中的安全性进行评估和分析，包括变电站的设备、保护系统、维护管理以及操作人员等方面的考虑。

一、设备状态评估

设备状态评估是变电运行安全分析中重要的一环。对变电站的主要设备进行定期检查和评估是确保设备正常运行和安全性的关键措施。

（一）变压器

定期检查变压器的外观状况，包括检查油池、冷却系统、绝缘子等是否存在异常。通过监测变压器的温度、振动和噪声等参数，判断其运行状态是否正常。定期进行绝缘电阻测试、抽样分析和局部放电检测，以发现潜在的故障和缺陷。此外，还需要定期检查变压器的接地和绝缘系统，确保其正常运行和安全性。

（二）开关设备

对开关设备进行定期检查和维护，包括断路器、隔离开关、负荷开关等。检查开关设备的机械连接、触头、操作机构和绝缘状况，确保其可靠性和操作灵活性。通过检测开关设备的绝缘电阻、电流和接触电阻，判断其正常工作状态。定期进行绝缘电阻测试、机械操作试验和局部放电检测，以发现潜在的故障和缺陷。

（三）电缆

对电缆进行定期检查和维护，包括检查电缆的外观状况、接头、绝缘和护套等。通过电缆局部放电检测、绝缘电阻测试和电缆介质损耗测试，判断电缆的绝缘性能和运行状态。定期进行电缆接头的紧固、绝缘检查和绝缘电阻测试，以确保电缆系统的可靠性和安全性。

（四）电力电子装置

对电力电子装置进行定期检查和评估，包括电力电子变流器、逆变器和电力电子控制系统等。检查电子装置的冷却系统、接口连接和控制回路，确保其正常工作和可靠性。通过监测电力电子装置的温度、振动和电流等参数，判断其运行状态是否正常。定期进行电力电子装置的绝缘电阻测试、局部放电检测和功率因数测试，以发现潜在的故障和缺陷。

设备状态评估涉及对变压器、开关设备、电缆和电力电子装置等主要设备进行全面评估和分析，以确保其正常运行和安全性。

二、保护系统评估

评估变电站的保护系统的可靠性和准确性。保护系统负责对电力系统中的故障进行检测和切除，保护设备免受过电流、短路和接地故障等的影响。通过对保护装置的测试、校准和操作记录的分析，检查保护系统的功能是否正常，并确保其能够及时准确地对故障进行响应。

（一）保护装置的功能测试

定期对保护装置进行功能测试，以验证其能否正确识别和响应故障情况。测试包括检查装置的接线、参数设置和操作逻辑等，确保装置在故障发生时能够准确切除故障电路，保护设备免受损坏。

（二）保护装置的校准

保护装置的准确性对于故障检测和切除至关重要。定期对保护装置进行校准，包括校准设备的测量范围、动作时间和灵敏度等参数，以确保装置的准确性和可靠性。

（三）操作记录分析

对保护装置的操作记录进行分析，包括故障记录、保护动作记录和操作日志等。通过分析记录，了解保护系统在实际运行中的表现和性能，发现存在的问题和改进的空间。

（四）保护系统的协调和调试

保护系统中的不同保护装置之间需要协调工作，以确保故障切除的顺序和优先级。对保护装置进行协调和调试，确保在故障发生时能够准确切除故障，并避免误动作和误切除。

（五）保护装置的可靠性评估

对保护装置进行可靠性评估，包括对装置的失效概率和平均修复时间进行分析和计算。通过评估装置的可靠性，预测装置的运行寿命和维护需求，制订相应的维护计划和预防性维护策略。

（六）保护装置的技术更新和改进

随着技术的不断发展，保护装置也在不断更新和改进。评估保护装置的技术水平和性能，确定是否需要更新或替换装置，以提升保护系统的可靠性和故障切除能力。

通过对保护系统的评估，可以确保保护装置的功能正常、准确可靠地对故障进行检测和切除，保护设备免受过电流、短路和接地故障的影响。

三、维护管理评估

评估变电站的维护管理措施和实施情况。维护管理包括设备的定期检修、维护和清洁，以及记录设备运行和维护的相关数据。通过检查维护记录、设备的操作手册和维护程序，评估维护管理的有效性和规范性，确保设备的可靠性和安全性。

（一）维护计划和程序评估

评估变电站的维护计划和维护程序的制定和执行情况。维护计划应包括对设备的定期检修、维护和清洁的安排，确保设备处于良好的工作状态。维护程序应明确维护工作的步骤、频率和责任，以确保维护工作的准确性和规范性。

通过检查维护计划和程序的制定和执行情况，评估其是否能够满足设备的维护需求和安全要求。

（二）维护记录分析

对设备的维护记录进行分析，包括维护工作的内容、执行时间和维护人员等信息。通过分析维护记录，可以了解设备的维护情况和维护频率，发现存在的问题和改进的空间。同时，维护记录也可以作为检查设备运行状况和问题诊断的重要依据。

（三）维护工作的质量控制

评估维护工作的质量控制措施和执行情况。维护工作应符合相关的标准和规范，确保工作的质量和可靠性。评估维护工作是否按照标准要求进行，是否采取了适当的工作措施和工具。通过对维护工作的现场检查和抽样评估，发现潜在的问题和改进的机会。

（四）设备清洁和润滑管理

评估变电站对设备的清洁和润滑管理情况。设备的清洁和润滑是确保设备正常运行和延长使用寿命的关键。评估清洁和润滑工作的频率、方法和材料选择，以确保设备表面和关键部件的清洁和润滑。同时，检查清洁和润滑工作的记录和操作规程，评估工作的有效性和规范性。

（五）维护工作的培训和技能评估

评估维护人员的培训和技能水平。维护人员需要具备相应的技术知识和操作技能，能够正确、安全地维护和检修设备。评估维护人员的培训计划和培训记录，确保其具备正确操作设备、识别故障和采取相应维护措施的能力。同时，评估维护人员的技能水平，包括他们对设备操作、维护和故障处理的熟练程度。通过培训和技能评估，提高维护人员的专业素质和维护工作的质量。

（六）维护设备和工具的评估

评估维护站点的设备和工具，包括维修设备、测量仪器和维护工具等。检查设备和工具的完整性、准确性和可靠性，以确保其能够满足维护工作的需求。同时，评估设备和工具的使用情况和保养状况，包括设备的定期维护和校准，以保证其工作的可靠性和精确性。

（七）维护材料和备件管理

评估维护站点的材料和备件管理情况。检查材料和备件的采购、入库和使用流程，确保其来源可靠、存储合理和使用及时。评估备件的库存状况和管理方法，以确保备件的可用性和及时性，提高设备故障的响应速度。

（八）维护安全措施和规范

评估维护站点的安全措施和规范。检查维护工作区域的安全设施和警示标识，确保工作人员在维护过程中的安全。评估维护工作的安全操作规范和程序，包括对高压设备的操作、维护和紧急情况的应对措施。通过培训和宣传，增强维护人员的安全意识和遵守安全规范的能力。

维护管理评估涉及对维护计划和程序、维护记录、设备清洁和润滑、维护人员培训和技能、维护设备和工具、维护材料和备件管理、维护安全措施和规范等方面的评估。通过维护管理评估，可以确保设备得到正确维护和及时修复，提高设备的可靠性和安全性。

第九节　电力系统中物联网技术的应用

在电力系统中，物联网（IoT）技术被广泛应用，为电力系统的监测、管理和运行提供了更高的智能化和自动化水平。

一、智能电表和能源监测

智能电表和能源监测是物联网技术在电力系统中的重要应用之一。通过物联网技术，智能电表与传感器设备相连接，可以实时监测和收集电力消费和能源使用的相关数据。

（一）实时能源监测

智能电表通过连接到物联网平台，可以实时记录和传输电力消费数据，包括用电量、功率、电压、电流等信息。同时，通过添加传感器设备，还可以监测其他能源类型的消耗，如水、气体等。这些实时数据可以通过手机应用程序或在线平台访问，使用户能够实时了解自己的能源消耗情况。

（二）能源数据分析

通过物联网平台收集的能源消耗数据可以进行进一步的分析。数据分析可以揭示能源使用的模式、高峰时段、峰谷差异等信息，帮助用户更好地了解能源的使用情况。通过对数据的深入分析，用户可以识别能源浪费和低效的领域，并制定相应的节能措施和优化方案。

（三）能源成本管理

智能电表和能源监测技术可以帮助用户管理能源成本。通过实时监测和分析能源消耗数据，用户可以更好地了解能源使用的费用，识别高耗能设备和使用情况，并采取相应的措施降低能源开支。此外，物联网平台可以提供详细的能源账单和消费报告，帮助用户进行预算规划和成本控制。

（四）能源效率优化

通过实时能源监测和数据分析，用户可以发现能源使用的优化机会。根据能源消耗数据的趋势和模式，用户可以调整能源使用的策略，选择更高效的设备和能源管理方案，以提高能源效率并减少能源浪费。

（五）能源管理系统集成

智能电表和能源监测技术可以与其他能源管理系统集成，如能源管理软件和自动化控制系统。通过集成不同的能源管理系统，用户可以实现更全面和智能化的能源管理，包括能源采购、峰谷平衡、需求侧管理等，以实现能源成本优化和可持续发展。

总的来说，物联网技术在智能电表和能源监测应用中提供了更高的智能化和自动化水平。通过实时能源监测和数据分析，用户可以更加了解和管理自己的能源消耗，优化能源使用效率，减少能源浪费和成本。同时，智能电表和能源监测技术为能源管理系统提供了更全面和智能化的能力，支持能源成本管理和能源效率优化。这些应用使得电力系统能够更加智能、高效地管理和利用能源资源，促进可持续发展和能源节约。

二、远程监测和故障诊断

远程监测和故障诊断是物联网技术在电力系统中的重要应用之一。通过物联网技术，传感器和设备可以与云平台相连接，实现对电力系统设备的远程监测和实时数据采集。

（一）实时数据采集

物联网技术可以将传感器设备与电力系统的关键设备连接起来，实时采集设备的运行数据。传感器可以监测设备的温度、压力、电流、电压等运行参数，并将数据传输到云平台进行存储和分析。通过实时数据采集，运营人员可以远程了解设备的实际运行状态，并及时掌握任何异常情况。

（二）设备状态监测

通过物联网技术，设备的运行状态可以实时监测和跟踪。云平台可以对设备的数据进行实时分析，判断设备是否正常工作，以及是否存在潜在的故障风险。如果发现设备状态异常或接近故障临界点，系统可以发出警报，并通知相关人员进行进一步处理。

（三）故障预警和诊断

物联网技术可以通过对设备数据的分析，实现故障的预警和诊断。通过比对设备的实际数据与预设的正常工作模式进行对比，可以发现任何异常行为或趋势，预测设备可能发生的故障。云平台可以根据数据模式和算法规则自动发出故障预警，并提供详细的故障诊断信息，以帮助运维人员进行及时维修和处理。

（四）远程操作和控制

物联网技术使得远程操作和控制成为可能。运营人员可以通过云平台远程控制设备的开关、调整参数等操作。这样，即使在远离设备的情况下，运营人员仍可以实时监控设备状态并进行必要的操作和调整，提高运维效率和响应速度。

（五）数据分析和优化

通过物联网技术收集到的大量数据可以进行深度分析和挖掘。运营人员可以通过对设备数据的分析，了解设备的工作特征和趋势，发现潜在的问题和改进的机会。同时，通过对设备数据的优化分析，可以改善设备运行策略，提高系统的可靠性、安全性和能源效率。

总的来说，远程监测和故障诊断的物联网应用为电力系统提供了许多优势。它使运营人员能够实时了解设备的运行状况，及时发现和解决潜在的故障，提高设备的可靠性和系统的运行效率。同时，通过数据的收集和分析，可以进行更深入的故障诊断和预测，提前采取措施进行维修和预防性维护。这种远程监测和故障诊断的能力大大减少了对现场人员的依赖性，提高了运维的效率和响应速度。此外，通过数据分析和优化，还可以实现更好的能源管理和系统优化，降低能源成本并提高能源效率。总体而言，远程监测和故障诊断的物联网应用为电力系统的安全性、可靠性和效率性提供了重要支持。

三、智能配电网管理

智能配电网管理利用物联网技术实现了对配电网的智能化监测和管理。

（一）实时监测与数据采集

通过连接智能传感器和装置，物联网技术实现了对配电设备的实时监测和数据采集。智能传感器可以监测电网的负荷、电压、频率、功率因数等参数，并将数据传输到云平台进行实时存储和分析。这使运营人员能够远程了解配电网的实际运行状况，并及时采取相应的控制措施。

（二）远程控制与自动化操作

物联网技术可实现对智能配电设备的远程控制和自动化操作。通过连接智能开关、装置和云平台，运营人员可以远程控制设备的开关状态、调整参数等。智能配电设备能够自动根据实时需求进行负荷分配和优化，提高配电网的运行效率和稳定性，减少人工干预的需求。

（三）故障检测与预警

物联网技术实现了对配电设备运行状态的实时监测，能够及时发现潜在的故障和异常情况。通过与云平台的连接，故障信息可以即时传输给运维人员，实现快速的故障诊断和预警。这有助于提高配电系统的可靠性，减少停电时间，并采取适当的维修措施。

（四）负荷管理与优化调度

物联网技术可实现智能负荷管理和优化调度。通过实时监测负荷情况，预测负荷峰谷和负载分布，运营人员能够根据实际需求进行负荷调整和优化。这有助于避免负荷过载和不均衡，提高能源分配的效率和可靠性。

（五）数据分析与决策支持

通过物联网技术收集到的大量数据可以进行深度分析和挖掘。数据分析可以揭示配电设备的工作模式、趋势和性能，帮助运营人员发现潜在的问题和改进机会。运营人员可以基于数据分析结果做出决策，优化能源分配策略，提高系统的效率、可靠性和安全性。

总的来说，物联网技术在智能配电网管理中发挥着关键作用，提升了电力系统的智能化水平和运行效率。

第十节　电力系统电气试验技术

电力系统电气试验技术是用于验证电力设备和系统的性能、可靠性和安全性的一系列测试方法和工艺。这些试验技术可应用于发电厂、变电站、输电线路和配电系统等各个电力系统组成部分。

一、高电压绝缘试验

高电压绝缘试验是用于测试电力设备的绝缘性能的一种试验方法，通过施加高电压电源，检测设备的绝缘是否能够承受预定的电压水平。这种试验可以帮助识别绝缘故障和绝缘强度不足的问题，确保设备在正常工作电压下的安全运行。

二、短路试验

短路试验用于测试电力设备和系统在短路条件下的性能。通过在设备上施加短路电流，检测设备的电流承受能力和电气连接的可靠性。这种试验可以评估设备的短路电流容量、断路器的动作性能以及保护系统的动作速度和准确性。

三、故障电流注入试验

故障电流注入试验用于模拟电力系统中发生故障时的电流情况，以评估设备和保护系统的性能。通过注入故障电流，可以检测设备和保护系统的动作时间、动作准确性和故障处理能力。这种试验可帮助验证保护设备和系统的可靠性和安全性。

四、耐压试验

耐压试验用于测试电力设备和系统在额定工作电压下的耐压性能。通过施加额定工作电压，检测设备是否能够安全地承受该电压水平，并排除可能的绝缘故障和击穿风险。这种试验可用于验证设备的绝缘性能和安全性。

五、整组试验

整组试验是对整个电力系统进行综合性测试的一种方法。它涉及多个设备和系统之间的协同工作和互操作性。整组试验旨在验证电力系统的运行和保护功能，包括系统的稳定性、设备的动作协调性、保护装置的可靠性等。

六、频率响应试验

频率响应试验用于评估电力设备和系统对频率变化的响应能力。通过改变电力系统的频率，频率响应试验可以评估电力设备和系统对频率变化的响应能力。通过改变电力系统的频率，可以测试设备的稳定性和调节能力。这种试验可用于验证发电机、逆变器和调频设备等的性能，确保设备能够在频率变化时稳定运行。

七、负荷试验

负荷试验用于评估电力设备和系统在额定负荷条件下的运行能力和稳定性。通过施加额定负荷电流，检测设备的电流容量、温升和稳定性。这种试验可用于验证变压器、发电机和电缆等设备的负荷承载能力。

八、绝缘电阻试验

绝缘电阻试验用于评估设备绝缘系统的电阻性能。通过施加特定的直流电压，测量设备的绝缘电阻，以判断绝缘是否良好。这种试验可用于检测绝缘故障和确定设备的绝缘状态。

九、开断试验

开断试验用于评估开关设备在正常和异常情况下的开断能力和稳定性。通过模拟开关操作和断电操作，测试开关设备的断开能力和短路电流承受能力。这种试验可用于验证断路器、隔离开关和接地开关等设备的性能。

十、效率测试

效率测试用于评估电力设备的能源转换效率。通过测量输入功率和输出功率，计算设备的能效。这种测试可用于发电机、变压器和变频器等设备的效率评估，以优化能源利用和减少能源损耗。

以上所述的电力系统电气试验技术只是其中的一部分，具体的试验方法和步骤将根据不同的设备和系统类型而有所不同。这些试验技术的目的是确保电力系统设备的安全性、可靠性和性能，以提高电力系统的运行效率和质量。

第二章　电力系统的有功功率平衡和频率调整

第一节　电力系统的有功功率平衡

电力系统的有功功率平衡是指电力系统中产生的有功功率与消耗的有功功率之间的平衡关系。在一个稳定运行的电力系统中，总的有功功率生成必须等于总的有功功率消耗。有功功率是指电力系统中实际产生或消耗的功率，它是电力系统中供电设备或负载设备所提供或消耗的实际功率。有功功率可以通过电压和电流的乘积来计算，其单位为瓦特（W）或千瓦（kW）。在电力系统中，有功功率的平衡是非常重要的，因为任何不平衡都会导致电压或频率的变化，甚至引起设备损坏或系统故障。有功功率的不平衡可能会导致电压波动、电网负荷不均衡以及电能损耗。电力系统的有功功率平衡可以分为以下几个部分。

一、发电机调节

发电机调节是维持电力系统有功功率平衡的重要手段之一。发电机的输出功率需要根据负荷需求进行调节，以保持供需平衡和电力系统的稳定运行。发电机调节可通过控制发电机的励磁电流或转子转速来实现。

在负荷增加时，发电机的输出功率需要相应增加。为实现这一调节，可以通过增加发电机的励磁电流来提高磁场强度，或者通过调节发电机的转速来增加机械功输入，从而提高输出功率。增加励磁电流可以通过调节励磁系统中的电流控制装置来实现，而调节转速则可通过调整发电机的机械负荷或调整转速控制装置来实现。

相反，当负荷减少时，发电机的输出功率需要相应降低。为实现这一调节，可以通过降低发电机的励磁电流或调整转速来减少输出功率。降低励磁电流可以通过减小励磁系统中的电流控制装置的输出来实现，而调节转速则可通过减小机械负荷或调整转速控制装置来实现。

发电机调节是由自动化控制系统完成的，该系统通过测量电力系统的负荷需求和发电机的输出功率，以反馈控制的方式调整发电机的励磁电流或转速。这样可以保持电力系统的有功功率平衡，并确保供电的稳定性和可靠性。

发电机调节还需要考虑一些其他因素，如电力系统的稳定性、调节的响应速度、负荷的瞬时变化等。为了满足这些要求，自动化控制系统通常会采用先进的控制算法和设备，并与电力系统的监控和保护系统紧密配合，以实现快速且精确的调节响应。

总而言之，发电机调节是电力系统维持有功功率平衡的关键措施之一。通过控制发电机的励磁电流或转速，根据负荷需求进行调解，可以保持电力系统的供需平衡，确保电力供应的稳定性和可靠性。

二、负荷调节

负荷调节作为一种关键控制手段，能够根据电力系统的负荷需求进行实时调整，以保持供需平衡和电力系统的稳定性。负荷调节涉及多个方面，包括控制开关、调整变压器输出、调整发电机输出等。

（一）控制开关

在电力系统中，通过控制开关的状态来调节负荷的接入和断开。通过控制开关的闭合和断开，可以调整电力系统中各个节点的负荷情况。当负荷需求增加时，可以通过合上开关来接入额外的负荷。反之，当负荷需求减少时，可以通过断开开关来减少负荷的接入。这种控制方式可以灵活调节负荷，以满足电力系统的需求。

（二）调整变压器输出

在电力系统中，变压器起着调整电压和功率的作用。通过调整变压器的输出电压和变比，可以实现对负荷的调节。当负荷需求增加时，可以提高变压器的输出电压或变比，以增加负荷的供电能力。当负荷需求减少时，可以降低变压器的输出电压或变比，以减少对负荷的供电能力。变压器的调节是通过控制变压器的调压装置或调整变压器的绕组连接方式来实现的。

（三）调整发电机输出

发电机是电力系统的主要能量供应源。为了保持有功功率平衡，发电机的输出功率需要根据负荷需求进行调解。发电机调节可以通过控制发电机的励磁电流或转子转速来实现。当负荷增加时，发电机的输出功率应相应增加，以保持供需平衡。反之，当负荷减少时，发电机的输出功率应相应降低。发电机调节可以通过调整励磁电流或调整转速来实现。

负荷调节需要考虑多个因素，如电力系统的稳定性、调节速度、负荷瞬时变化等。为了满足这些要求，自动化控制系统通常采用先进的控制算法和设备，并与电力系统的监控和保护系统紧密配合，以实现快速且精确的调节响应。

总而言之，负荷调节在电力系统中起着至关重要的作用，确保电力系统能够满足用户的需求并保持稳定运行。通过控制开关、调整变压器输出和调整发电机输出，可以实现对电力系统负荷的实时调节。这些调节措施需要与自动化控制系统紧密配合，通过先进的控制算法和设备实现快速、准确的负荷调节响应。

三、电力系统调度

调度工作由专门的调度机构或系统操作员负责，他们根据电力系统的实际情况，制订合理的发电计划和负荷分配方案，以确保电力系统的稳定运行和供需平衡。

电力系统调度的主要目标是通过协调发电机的出力和负荷的使用，维持电力系统的有功功率平衡。有功功率平衡是指电力系统中有功功率的供应与负荷的消耗之间的平衡，以保持系统电压和频率在合理范围内。在调度过程中，调度人员需要根据负荷需求、发电机出力、输电能力等因素进行综合考虑，制定合理的调度方案，以满足用户的用电需求，并保持电力系统的稳定运行。

电力系统调度涉及以下几个方面。

（一）发电计划制订

调度人员根据负荷预测、可用发电机容量和输电能力等信息，制订合理的发电计划。考虑到电力系统的负荷需求，发电计划应尽可能地利用可用发电机容量，确保供电能力能够满足用户的需求。

（二）负荷分配与控制

调度人员根据发电计划，将发电机的出力合理分配给不同的负荷节点，以满足各个负荷节点的用电需求。负荷分配考虑到电力系统的输电能力和负荷特性，以确保电力系统的稳定运行，并避免发生过负荷或欠负荷的情况。

（三）频率和电压控制

调度人员通过控制发电机的出力和调节变压器的输出，维持电力系统的频率和电压在合理范围内。频率和电压是电力系统稳定运行的重要指标，调度人员通过调整发电机的出力和负荷的使用，以及控制变压器的调压器，确保频率和电压稳定在标准值附近。

（四）备用发电机调度

为了应对突发情况或发电机故障，调度人员需要合理安排备用发电机的调度。备用发电机的调度包括备用发电机的启动和停止，并与主发电机的出力协调，以确保在故障或突发情况下仍能满足负荷需求，维持电力系统的稳定运行。

（五）跨区电力调度

对于跨越多个区域的电力系统，跨区电力调度是必要的环节。调度人员需要协调不同区域之间的发电计划和负荷分配，确保各个区域的供需平衡，并实现跨区电力互联和能源调剂。

（六）暂态稳定和安全控制

电力系统调度还需要考虑暂态稳定和安全控制。在电力系统发生故障或突发情况时，调度人员需要快速做出响应，采取相应的措施来维护电力系统的稳定和安全。这包括采取控制策略来控制故障电流和电压，限制电力系统中的过电流和过电压，以防止故障扩大并保护设备的安全。

（七）调度调控系统的应用

电力系统调度过程中，使用调度调控系统是不可或缺的工具。调度调控系统基于实时数据和模型，提供电力系统的监控、计算和决策支持。它能够整合各个子系统的信息，提供全面的电力系统状态监测和管理功能，并支持调度人员做出合理的调度决策。

电力系统调度的关键挑战在于平衡供需，维持电力系统的稳定性和可靠性。调度人员需要根据实时数据和预测模型，灵活调整发电机出力和负荷分配，确保电力系统在各种工况下都能稳定运行。此外，调度人员还需要应对复杂的市场环境、跨区调度的复杂性、不确定的负荷和发电预测等挑战，以保证电力系统的可持续发展和安全运行。

总的来说，电力系统调度是保持电力系统有功功率平衡的关键环节。通过合理制订发电计划、负荷分配和控制策略，调度人员能够协调发电与负荷之间的平衡，确保电力系统的稳定供电，并应对各种突发情况和故障，保障电力系统的可靠性和安全性。

第二节　电力系统有功功率的最优分配

电力系统的有功功率最优分配是指在满足负荷需求的前提下，合理分配发电机组的输出功率，以达到最优的系统性能和经济效益。最优分配的目标是最大化能源利用效率、减少成本、优化系统运行和提高供电可靠性。

一、发电机组调度策略

发电机组调度策略是实现电力系统有功功率的最优分配的关键因素之一。通过合理的发电机组调度，确保电力系统的供需平衡，最大限度地利用可用的发电资源，并满足负荷需求。

（一）负荷追踪策略

负荷追踪策略旨在根据负荷需求的变化，实时调整发电机组的输出功率，使其紧密跟随负荷变化。当负荷增加时，发电机组的输出功率相应增加；当负荷减少时，发电机组的输出功率相应减少。这种策略可以实现实时供需平衡，确保电力系统的稳定运行。

（二）负荷优化策略

负荷优化策略旨在通过调整发电机组的输出功率，最大化利用可再生能源和高效能源，并降低传统能源的使用。在负荷需求较低的时段，可以优先使用可再生能源发电机组，减少对传统能源的依赖；在负荷需求较高的时段，可以适当增加传统能源发电机组的出力。这种策略有助于提高能源利用效率，减少对环境的影响。

（三）成本优化策略

成本优化策略旨在通过合理调度发电机组的输出功率，最小化发电成本。该策略考虑了发电机组的燃料成本、启动和停机成本，以及电力市场的电价等因素。通过综合考虑成本和负荷需求，制订合理的发电计划，实现有功功率的最优分配。

（四）环境优化策略

环境优化策略旨在通过调度发电机组的输出功率，减少对环境的影响。在负荷需求较低的时段，可以减少传统能源发电机组的出力，增加可再生能源发电机组的使用。通过最大限度地利用可再生能源，减少对化石燃料的使用，可以减少温室气体的排放，降低碳足迹。

（五）灵活性调度策略

灵活性调度策略是针对电力系统中快速变化的负荷需求和可再生能源波动的情况。该策略侧重于提高发电机组的灵活性和响应能力，以适应负荷需求和能源供应的变化。通过快速启动、停机和调整发电机组的输出功率，可以有效应对系统的瞬态负荷变化和可再生能源的波动性，保持电力系统的稳定运行。

（六）多目标调度策略

多目标调度策略是在考虑多个因素的基础上进行发电机组调度，以平衡不同目标之间的权衡。这些因素包括成本、环境影响、能源安全性、系统稳定性和可再生能源利用等。通过综合考虑这些因素，并采用多目标优化算法，可以实现在不同目标之间寻找最优的发电机组调度方案。

（七）故障应对策略

故障应对策略是在发生设备故障或紧急情况时进行的发电机组调度。在故障发生时，需要快速调整发电机组的输出功率，以保持电力系统的稳定运行。这包括启动备用发电机组、调整负荷分配以及快速采取措施以限制故障的影响范围。故障应对策略需要具备快速响应和灵活性，以确保电力系统的可靠性和连续供电。

以上策略是实现电力系统有功功率最优分配的常见方法，可以根据具体的电力系统特点和需求进行适当的调整和组合。综合应用这些策略，能够实现电力系统的高效运行、可持续发展和供需平衡。

二、电力市场机制

电力市场机制是一种通过供需关系和价格机制来实现电力系统有功功率最优分配的方式。

（一）竞价市场

竞价市场是指发电商和负荷用户在市场上根据电力需求和价格出售、购买电力的机制。发电商根据负荷需求和市场电价，提供不同的发电机组出力方案，通过竞价的方式与负荷用户进行交易。市场根据竞价结果确定每个时间段的发电量和电价，从而实现电力系统的有功功率最优分配。

（二）边际定价市场

边际定价市场是一种根据供需平衡和边际成本来确定电力价格和发电机组出力的机制。根据负荷需求和发电机组的边际成本曲线，市场确定电力价格，并调整发电机组出力，以使供需平衡。这样可以实现在给定负荷需求下，以最低的总成本分配发电机组的出力。

（三）长期合同市场

长期合同市场是通过签订长期合同的方式进行电力交易的机制。发电商和负荷用户在市场上签订长期供电合同，约定一段时间内的电力购买和出售价格。这种市场机制可以提供稳定的电力供应和需求，同时也为发电商提供了长期投资和规划的保障，有助于实现有功功率的最优分配。

（四）调度市场

调度市场是由系统运营商进行的电力调度和交易的机制。系统运营商根据电力系统的运行状态和需求，进行发电机组的调度安排，以满足负荷需求和系统的稳定性要求。在调度市场中，系统运营商根据发电机组的能力和市场需求进行电力调度，以实现有功功率的最优分配。

通过电力市场机制，供应商和消费者可以根据市场信号和价格激励来调整发电机组的出力和负荷的使用，从而实现电力系统的有功功率最优分配。这种机制激励了供需双方的竞争和灵活性，促进了电力系统的高效运行和资源的有效利用。

三、需求侧管理

需求侧管理是电力系统中一种重要的有功功率最优分配方法，通过调整负荷侧的用电行为来实现供需平衡和资源的有效利用。

（一）负荷响应

负荷响应是指在电力系统需求高峰期或电力供应紧张时，通过调整用户的用电行为，减少峰值负荷和均衡负荷曲线，以达到优化功率分配的目的。通过与用户建立通信和控制机制，可以实施负荷响应策略，如降低用电设备的功率消耗、推迟某些用电任务的执行时间等。这样可以减少系统的负荷压力，降低系统的供电风险，并避免不必要的发电机组启动。

（二）峰谷电价策略

峰谷电价策略是一种基于电力市场价格波动的需求侧管理方法。通过设定不同时间段的电价，如高峰期电价较高、谷期电价较低，鼓励用户在电价低谷时段增加用电，减少在电价高峰时段的用电需求。用户可以根据电价信号灵活调整用电行为，如选择在谷期充电、启动设备等，以达到减少系统负荷峰值和平衡供需关系的效果。

（三）能源管理系统

通过部署智能能源管理系统，用户可以实时监测和管理自己的能源消耗，包括电力、水、燃气等。通过能源管理系统，用户可以了解自己的能源使用情况、能源成本以及与电力系统的互动关系。系统可以提供能源消耗数据和分析报告，帮助用户优化能源使用策略，合理安排用电时间，以实现有功功率的最优分配。

（四）分时计量和用电计划

通过分时计量和用电计划，用户可以根据电力系统的供需情况，合理安排用电时间。用户可以选择在电力需求较低的时段进行用电，如在夜间或非高峰时段使用大功率设备，以平衡负荷和优化功率分配。此外，通过合理制订用电计划，用户可以根据自身需求和电力系统的要求，灵活调整用电行为，以实现供需平衡和有功功率最优分配。

需求侧管理的实施需要用户的参与和支持，同时还需要合理地监测和控制手段。

第三节　电力系统的频率特性

电力系统的频率特性是指电力系统在正常运行下的电压和电流频率的稳定性和响应性。频率是电力系统运行的核心参数之一，通常以赫兹（Hz）表示。在正常运行状态下，电力系统的频率应保持稳定且接近额定频率，以确保电力系统各个组成部分的协调运行。

一、额定频率

电力系统的额定频率是指在正常运行时，电力系统所应保持的标准频率。全球大多数国家和地区的电力系统的额定频率通常为 50 赫兹或 60 赫兹。额定频率的设定是基于电力设备的设计和操作要求，旨在确保电力系统的正常运行和设备的稳定性。

额定频率的选择通常是经过仔细考虑的，考虑到电力设备的特性、运行效率和生产成本等因素。在电力系统中，发电机组的输出频率会直接影响与之连接的负荷设备的运行稳定性和性能。因此，为了确保设备能够正常运行，电力系统的额定频率被确定为设备所能承受的最佳频率。

在电力系统运行过程中，各个发电机组的输出频率必须与系统的额定频率保持一致，以确保整个系统的稳定性和互操作性。如果某个发电机组的频率偏离额定频率，将导致与之连接的负荷设备发生异常，甚至引发设备故障。因此，频率稳定性是电力系统运行的重要指标之一，要求系统在各种负荷变化和故障情况下，能够保持频率尽可能稳定在额定频率附近。

为了维持电力系统的额定频率，系统调度员负责监测和调整发电机组的出力，以满足负荷需求和保持频率稳定。调度员根据实时的负荷情况和系统的运行状态，调整发电机组的输出功率，以平衡供需关系和维持频率在合理范围内。

电力系统的额定频率是为了确保设备的稳定运行和系统的互操作性而设定的标准频率。通过维持额定频率，电力系统能够实现可靠的供电和负荷服务，同时保证设备的正常运行和供电质量。

二、频率稳定性

频率稳定性是指电力系统在正常运行条件下频率的变化程度。它是衡量电力系统运行稳定性和供需平衡的重要指标。频率稳定性的维持对于保证电力系统的正常运行、设备的安全性和供电质量至关重要。

在电力系统中，频率是由发电机组的输出功率和负荷之间的平衡关系决定的。当负荷需求增加时，发电机组的输出功率必须相应增加，以满足负荷需求。反之，当负荷需求减少时，发电机组的输出功率应相应降低。如果负荷与发电之间的平衡失去，会导致频率偏离额定频率，可能引发设备故障，甚至导致电力系统崩溃。

频率稳定性的维持需要多方面的努力和协调工作。首先，发电机组需要具备调节能力，能够根据负荷需求的变化快速调整输出功率，以保持频率稳定。这通常通过发电机组的调节装置和自动控制系统来实现，通过监测负荷和频率的变化，自动调整发电机组的出力。

其次，负荷侧也需要具备响应能力，即根据系统调度员的指令或市场信号，调整用电行为以平衡供需关系。负荷侧响应可以通过负荷管理措施、电能储存系统和智能电网技术等手段实现，以降低负荷峰值、调整用电时间等方式，减轻电力系统的压力，维持频率稳定。

此外，系统调度员和控制中心人员的协调工作也是保持频率稳定性的关键。他们负责监测电力系统的运行状态，实时调度发电机组的输出功率和负荷的分配，以维持频率在合理范围内稳定运行。他们根据实时的负荷需求和系统的运行状况，制订调度计划和响应措施，确保供需平衡和频率稳定。

频率稳定性是电力系统运行的重要指标，其维持需要发电机组的调节能力、负荷侧的响应能力以及系统调度和控制的协调工作。只有在频率稳定的条件下，电力系统才能正常运行、设备安全稳定，并提供高质量的供电服务。

三、频率响应

频率响应是电力系统在负荷变化或故障发生时，为维持频率稳定而进行的调整和响应。频率响应的关键是发电机组和负荷侧的协调工作，以保持频率在额定频率附近波动。

发电机组的频率响应能力取决于其调节特性和调节装置。发电机组的调节装置可以监测电网频率的变化，并通过调整励磁电流或转速来调节发电机的输出功率。当系统负荷增加时，调节装置会增加发电机组的输出功率；当系统负荷减少时，调节装置会减少发电机组的输出功率。发电机组的调节速度和稳定性对频率响应的有效性起着重要作用。

负荷侧的频率响应涉及负荷调节和负荷侧管理。负荷调节是指负荷侧根据频率变化调整用电行为，以平衡供需关系。当频率偏离额定频率时，负荷侧可以响应控制信号或根据市场机制进行负荷调节，如调整用电时间、降低峰值负荷等。此外，负荷侧管理也可以通过智能电网技术和负荷管理措施来实现，以提高负荷侧的灵活性和响应能力。

频率响应的有效性还取决于系统调度和控制的协调工作。系统调度员和控制中心人员负责监测电力系统的频率变化和运行状况，并制订相应的调度计划和控制策略。他们根据实时的负荷需求、发电机组的调节能力和负荷侧的响应能力，进行发电机组的调度和负荷侧的管理，以维持频率在合理范围内稳定运行。

频率响应是保持电力系统频率稳定的关键。它要求发电机组具备调节能力，负荷侧能够响应频率变化，同时需要系统调度和控制的协调工作。通过这些措施，电力系统可以实现频率的稳定运行，确保供电质量和设备安全稳定。

四、频率控制

频率控制是维持电力系统频率稳定的关键措施之一。它涉及调节发电机组的输出功率以响应负荷变化和系统频率的波动，以确保频率在合理范围内保持稳定。

主动频率控制由系统调度员负责，根据负荷变化和供电情况制订发电机组的出力调度计划。调度员会根据负荷预测、系统状态和电力市场情况，以及考虑到可再生能源和储能系统等因素，合理安排发电机组的出力，以维持频率稳定。主动频率控制的目标是及时调整发电机组的出力，以满足负荷需求和维持频率在合理范围内。

从动频率控制是发电机组的自动响应机制。当系统频率偏离额定频率时，发电机组的调节装置会根据频率变化自动调整其输出功率，以响应频率变化并维持频率稳定。这种从动响应通常是通过调节励磁电流或转速来实现的。从动频率控制可以快速响应频率的变化，帮助维持频率在合理范围内。

主动频率控制和从动频率控制共同作用于电力系统的频率稳定。调度员通过主动频率控制，根据系统负荷和供电情况制订发电机组的出力调度计划。而从动频率控制则是发电机组的自动响应机制，能够在频率偏离额定频率时自动调整发电机组的输出功率。这两种控制手段的配合协调，确保电力系统频率稳定在合理范围内。

频率控制对电力系统的稳定性和供电质量至关重要。频率过大或过小都可能引发系统故障和设备损坏，影响供电质量和用户用电设备的正常运行。因此，频率控制是电力系统运行和调度的重要内容，需要由专业的调度员和自动化控制系统共同实施，以保障电力系统的稳定运行。

第四节　电力系统的频率调整

频率调整是指对电力系统频率进行控制和调节的过程，以维持频率稳定在额定频率附近。频率调整的目标是使系统频率保持在合理范围内，确保电力系统的可靠运行和设备的正常工作。

一、频率监测和控制

频率监测和控制是电力系统频率调整的基础和核心环节。在电力系统中，配备了专门的频率监测装置，通常称为频率计或频率测量仪，用于实时测量和监控系统的频率。这些装置通过感知电力系统的振荡周期来确定频率，并将频率数据传送至系统调度中心或监控中心。

系统调度员是负责电力系统运行和调度的专业人员，他们通过监测装置提供的频率数据，不断跟踪和分析电力系统的频率变化趋势。当频率偏离额定频率时，系统调度员会采取相应的措施进行调整和控制，以维持频率稳定。

频率监测和控制的目标是使电力系统的频率保持在合理范围内，通常在额定频率的上下一定范围内波动。频率的合理范围可以根据国家或地区的标准进行规定，一般是以 ±0.5 赫兹为界限。当频率超出这个范围时，可能会导致电力系统的不稳定和设备的损坏。

在频率监测和控制过程中，系统调度员会根据实时的频率数据，结合负荷预测和发电计划，制定相应的调整策略。调整策略可能包括调节发电机组的出力，要求发电机组增加或减少有功功率的注入，以调整电力系统的供需关系和维持频率稳定。

此外，频率监测和控制还需要考虑电力系统的响应时间和调节能力。频率响应时间是指电力系统从频率异常发生到调整恢复稳定的时间，通常是几秒钟到几分钟。调节能力则取决于发电机组和负荷侧的响应速度和调节能力，以及系统调度员的决策和指令执行能力。

频率监测和控制是确保电力系统频率稳定的关键措施。通过实时监测频率，及时调整发电机组出力和负荷侧的响应，电力系统能够保持在合理范围内的频率，确保系统的可靠运行和设备的正常工作。

二、负荷侧响应

当电力系统的频率偏离额定频率时，负荷侧可以通过负荷管理系统和负荷控制装置进行响应，以协助调整电力系统的供需平衡，维持频率稳定。

负荷侧响应的方式主要包括负荷调节和负荷响应两个方面。负荷调节是指负荷侧根据频率变化和系统需求，主动调整用电行为以改变负荷的大小。例如，在频率偏高时，负荷侧可以减少用电负荷，降低系统负荷，从而帮助提高频率。相反，在频率偏低时，负荷侧可以增加用电负荷，提高系统负荷，以增加有功功率的注入，帮助提高频率。

负荷响应是指负荷侧根据系统的调节信号或指令，响应进行负荷的调整。这可以通过负荷控制装置实现，例如，负荷侧可以根据频率控制信号，自动调整用电设备的开关状态或功率输出，以协助频率的恢复和稳定。

负荷侧响应对于频率调整具有一定的灵活性和迅速性。负荷侧响应的快速性取决于负荷设备的特性和控制系统的响应速度。当频率发生变化时，负荷侧能够迅速调整用电行为，从而对频率调整起到积极的支持作用。

负荷侧响应在电力系统的频率调整中具有重要的作用。通过负荷侧的调节和响应，可以改变负荷的使用方式和负荷大小，对电力系统的频率进行调整，帮助维持频率稳定，确保系统的可靠运行和设备的正常工作。同时，负荷侧响应还可以提高电力系统的灵活性和适应性，适应不同负荷需求和变化的供电条件。因此，在频率调整策略中，负荷侧响应的重要性不可忽视。

三、发电机组调节

当电力系统的频率下降时，发电机组需要调整其输出功率，向电网注入更多的有功功率，以提高系统的频率。发电机组的调节是通过调整其励磁系统、燃料供给或机械负荷等方式来实现的。

发电机组的励磁系统是调节输出功率的关键部分。通过控制励磁电流或励磁电压，可以调整发电机的磁场强度，从而影响输出功率。当频率下降时，发电机组可以增加励磁电流或电压，以提高输出功率。相反，当频率升高时，发电机组可以减小励磁电流或电压，降低输出功率。

另一种调节发电机组输出功率的方法是通过燃料供给的调整。发电机组可以通过调整燃料供给量来控制燃料的燃烧速率和输出功率。当频率下降时，发电机组可以增加燃料供给量，提高燃烧速率和输出功率。反之，当频率升高时，发电机组可以减小燃料供给量，降低输出功率。

此外，发电机组还可以通过调整机械负荷来实现频率调整。机械负荷是指与发电机机械连接的负载设备，例如涡轮机、发电机组的旋转负载等。通过调整机械负荷的运行状态和负荷水平，可以影响发电机的机械输出功率和电力系统的频率。当频率下降时，发电机组可以减小机械负荷，降低负载对发电机的要求，从而提高系统频率。相反，当频率升高时，发电机组可以增加机械负荷，提高负载对发电机的要求，降低系统频率。

发电机组的调节速度和精度对于维持电力系统的频率稳定至关重要。发电机组需要根据系统频率的变化迅速调整输出功率，并尽可能精确地将频率调整至额定频率附近。这要求发电机组具备高效的调节控制系统和响应速度，以保持电力系统的频率稳定和可靠运行。

因此，发电机组的调节对于频率调整起着至关重要的作用。通过调整励磁系统、燃料供给和机械负荷等方式，发电机组能够响应电力系统频率的变化，实现频率调整。

四、系统调度员的工作

系统调度员负责监控电力系统的频率变化，并根据实时数据和负荷预测情况，制订相应的发电计划和负荷分配方案。他们根据频率偏差情况，发出调度指令，要求发电机组调整出力或通知负荷侧进行相应的响应。

（一）频率监测和数据分析

系统调度员负责监测电力系统的频率变化，并对实时监测数据进行分析。他们会密切关注频率的偏差情况、变化趋势和振荡情况，以了解电力系统的频率状态。

（二）发电计划制订

基于负荷预测、发电机组的可调度能力和其他系统运行条件，系统调度员制订发电计划。他们考虑负荷需求、发电机组的运行状态和可用性等因素，以确保供需平衡和频率稳定。

（三）负荷分配和响应调度指令

根据频率变化和发电计划，系统调度员制定负荷分配方案，并通过调度指令要求发电机组和负荷侧进行相应的调整和响应。他们与发电厂和负荷侧进行沟通和协调，确保调度指令的执行。

（四）频率调整策略制定

系统调度员根据实时监测数据和系统状况，制定频率调整策略。他们根据频率偏差的程度和变化趋势，调整发电机组的出力要求，以保持频率在合理范围内稳定。

（五）应急响应和故障处理

在频率异常变化或发生故障时，系统调度员需要迅速响应，并采取应急措施和故障处理措施。他们与现场操作人员和维护人员进行沟通，协调故障修复和系统恢复工作。

系统调度员在电力系统的频率调整中起着至关重要的作用。他们通过监测、分析和调度工作，确保电力系统的频率稳定，维持供需平衡，保障电力系统的可靠运行。他们需要具备对电力系统的全面了解、快速决策的能力，以应对频率调整过程中的各种挑战和变化。

五、频率控制机制

为了促进频率调整和维持频率稳定，一些地区设立了频率控制机制。这些机制可以采用市场机制，通过调节电价、提供经济激励等方式，鼓励发电机组和负荷侧参与频率调整和维持频率稳定的活动。

（一）频率边际价格

频率边际价格是一种根据系统频率的变化而调整的电力价格机制。当频率偏离额定频率时，电力市场可以通过调整边际价格来引导发电机组和负荷侧的行为，以调整有功功率的输出和使用，从而维持频率稳定。边际价格的变化可以为频率控制提供经济激励。

（二）频率控制区域

为了更有效地进行频率调整和维持频率稳定，一些地区将电力系统划分为频率控制区域。在每个区域内设立频率控制中心，负责监测频率变化和制定调度策略。频率控制区域内的发电机组和负荷侧通过与频率控制中心的通信，参与频率调整和协调工作。

（三）频率控制合同

一些电力市场或系统运营商与发电机组和负荷侧签订频率控制合同，约定参与频率调整和维持频率稳定的责任和激励机制。合同可以包括频率响应要求、响应时间、补偿方式等内容，以确保参与方按照约定提供频率调整服务。

这些频率控制机制的目标是通过经济激励和市场机制，引导发电机组和负荷侧积极参与频率调整活动，以维持电力系统的频率稳定。这些机制提供了一种灵活、经济有效的方式来调整有功功率的分配，使电力系统能够快速响应负荷变化和故障情况，保障电力供应的可靠性和稳定性。

六、频率保护装置

为了保护电力系统免受频率异常变化的影响，电力系统配备了频率保护装置。这些装置监测频率的异常变化，并在频率超出预定范围时发出信号，触发相应的保护动作，以防止频率失控引发系统故障。

（一）频率保护装置的作用

频率保护装置旨在监测电力系统的频率变化，并在频率超出预定范围时采取相应的保护措施。频率异常变化可能是由于负荷变化、发电机组故障、输电线路故障等原因引起的，如果频率不得不超出正常范围，可能会对设备造成损坏，甚至引发系统崩溃。频率保护装置的作用就是在频率超出安全范围时，及时检测并触发保护动作，以保护设备和系统的安全运行。

（二）频率保护装置的工作原理

频率保护装置通过监测电力系统中的频率变化，与预设的频率范围进行比较。当频率超出预定范围时，保护装置会发出触发信号，通常通过继电器或数字信号的方式，触发相应的保护动作。保护动作可以是断开故障部分的电路、切除故障发电机组或负荷侧，或通过调整发电机组出力来恢复频率稳定。

（三）频率保护装置的调节和设置

频率保护装置通常具有可调节的参数和设置，以适应不同电力系统的需求。这些参数包括频率测量范围、频率保护动作的延迟时间、频率保护动作的触发阈值等。通过合理的调节和设置，可以确保频率保护装置对于频率异常变化的检测和保护具有准确性和可靠性。

（四）频率保护装置的协调

在电力系统中，频率保护装置需要与其他保护装置和系统调度员的工作进行协调。频率保护装置应与其他保护装置的动作配合，以保证系统的连锁保护。此外，频率保护装置的工作也应与系统调度员的调度指令相协调，以便在必要时实施频率调整措施。

通过频率保护装置的监测和保护，电力系统能够及时检测和响应频率异常变化，采取必要的保护措施，以维持频率稳定并保护系统设备的安全。频率保护装置的可靠性和准确性对于电力系统的稳定运行至关重要。因此，频率保护装置的设计和安装必须符合相应的标准和规范，以确保其性能和可靠性。

第三章　电力系统电压调节和无功功率控制技术

第一节　电力系统电压控制的意义

在电力系统中电压的稳定性，是指从给定的初始运行条件出发，遭受扰动后电力系统在所有母线上保持稳定电压的能力，它依赖于电力系统中保持或恢复负荷需求和负荷供给平衡的能力。可能发生的失稳，表现为一些母线上的电压下降或升高。电压的稳定是保证电力系统稳定性的重要指标之一。电压的失稳将造成电力系统中负荷的丧失、传输线路的跳闸、系统的级联停电，以及发电机异步等情况。

一、电压的稳定性定义

电压的稳定性是电力系统中的关键指标之一，它描述了电力系统在面对内部和外部扰动时维持合理范围内的电压水平的能力。在电力系统中，电压稳定性是维持负荷需求和负荷供给平衡的重要保障，对于保证系统的正常运行和设备的可靠性至关重要。电压的稳定性具有以下几个方面的特性。

（一）母线电压的保持能力

电压的稳定性要求电力系统在受到各种内部和外部扰动时，能够在所有母线上维持稳定的电压水平。这意味着电力系统应对负荷变化、故障、突发负荷等情况做出适当的调节和响应，以确保电压在合理范围内波动。

（二）额定电压的维持能力

电压稳定性要求电力系统的母线电压能够维持在额定电压范围内。额定电压是根据设备设计和运行要求确定的电压水平，对于设备的正常工作和性能是必需的。稳定的电压能够保证设备在额定电压下运行，减少设备损耗和故障的风险。

（三）频率与电压之间的关系

电压的稳定性与系统频率之间存在密切关系。频率是电力系统运行的另一个重要参数，频率的稳定性与电压的稳定性密切相关。在稳定的电力系统中，电压和频率保持在合理的范围内，并能够相互协调地运行。

（四）谐波和不对称电压的抑制能力

电力系统中可能存在谐波和不对称电压，这些电压波动可能会对设备和系统造成不良影响。电压的稳定性要求电力系统能够抑制谐波和不对称电压的发生和传播，保持电压的纯度和平衡性。

电压的稳定性对于电力系统的正常运行和可靠性至关重要。稳定的电压能够确保设备的安全运行，保护设备免受电压过高或过低的影响，延长设备的寿命。

二、电压的稳定性的意义

电压的稳定性对电力系统具有重要意义，主要体现在以下几个方面。

（一）保证设备正常运行

电压的稳定性是保障电力系统中各种设备正常运行的基础。电压过高或过低会对设备产生不良影响，可能导致设备的过电压或欠电压，引发设备的损坏、过热、故障或性能下降。通过维持稳定的电压，可以保护设备免受这些问题的影响，延长设备的寿命，提高设备的可靠性和效率。

（1）防止过电压和欠电压。电压过高或过低都会对设备造成危害。过高的电压可能导致设备过电压，使电子元件受到损坏或过热，甚至引发火灾风险。过低的电压会导致设备无法正常工作，影响其性能和效率。稳定的电压可以避免过电压和欠电压问题，保护设备免受电压相关损害。

（2）保护设备免受电压波动的影响。电力系统中存在许多因素可能导致电压波动，如负荷变化、电力故障、电网不稳定等。这些电压波动对设备的稳定性和可靠性造成威胁。稳定的电压可以降低设备在电压波动情况下的风险，保护设备免受电压波动的影响，确保设备的正常运行。

（3）提高设备的可靠性和寿命。稳定的电压有助于减少设备的应力和磨损。过高或过低的电压会增加设备的工作负荷，加速设备的老化和磨损，缩短设备的寿命。通过维持稳定的电压，可以减轻设备的负荷，延长设备的使用寿命，提高设备的可靠性和可用性。

（4）保持设备性能和效率。设备在额定电压下工作时能够发挥最佳性能和效率。过高或过低的电压会影响设备的工作状态和输出质量，降低设备的性能和效率。稳定的电压有助于保持设备在设计工作点运行，确保设备能够提供稳定的性能和高效地运行。

（二）保障用户负荷需求

稳定的电压是保证用户设备获得稳定和可靠供电的关键。各类用户设备对电压的要求不同，但它们都需要在稳定的电压下正常工作。电压波动会影响设备的性能和寿命，甚至导致设备故障。通过维持稳定的电压，可以满足用户的负荷需求，保证用户设备的正常运行。

（1）负荷供应可靠性。稳定的电压能够满足用户对电力的各种负荷需求。无论是日常生活用电、商业服务用电还是工业生产用电，用户都需要在稳定的电压下获得可靠的电力供应。稳定的电压可以确保负荷需求得到满足，防止电力不稳定带来的供电中断、设备故障或负荷损失，保障用户的正常用电和生产运行。

（2）提供电力服务的连续性。对于某些关键行业和关键服务领域，如医疗、通信、金融等，电力的连续性至关重要。这些领域的设备和系统对电压波动或中断非常敏感，任何电力不稳定都可能导致服务中断、数据丢失或经济损失。通过维持稳定的电压，可以保证这些关键服务的连续性，确保设备持续运行，防止服务中断和损失。

（3）保障用户体验和满意度。稳定的电压可以提供稳定、可靠的用电环境，为用户提供良好的用电体验。用户在稳定的电压下可以正常使用各类电气设备，避免由于电压不稳定导致的设备故障、电器损坏或用电不便。稳定的电压能够提高用户的满意度，建立良好的电力服务信誉。

（三）提高电网稳定性

电压的稳定性对于维持电力系统的整体稳定性至关重要。过高或过低的电压会引起电力系统的不稳定和不平衡，可能导致电网的振荡、电压波动和频率变化。稳定的电压可以提高电网的稳定性，减少系统的电力损失和设备的故障率，确保电力系统的安全运行。

（1）防止电力系统失稳。电网的稳定性是指电力系统在面对各种扰动时能够保持稳定运行的能力。电压的稳定性是电网稳定性的关键因素之一。电压过高或过低都可能导致电网失稳，引发电压崩溃、电网崩溃甚至黑启动等严重问题。通过维持稳定的电压，可以减少电网失稳的风险，提高电网的可靠性和韧性。

（2）平衡供需关系。电力系统需要保持供需平衡，即供电能力要能够满足负荷需求。稳定的电压有助于维持负荷和发电之间的平衡关系，避免电力供需失衡带来的问题。稳定的电压可以确保供电能力与负荷需求之间的匹配，提高电力系统的稳定性和可靠性。

（3）支持电网调度和控制。电压的稳定性对于电网调度和控制非常重要。电网调度员需要监控和控制电压的变化，及时调整发电机组的输出功率和负荷侧的响应，以保持稳定的电压。稳定的电压提供了准确的参考值和基准，支持电网调度员进行准确的负荷分配、发电计划和频率控制，优化电网运行。

（4）降低电网损耗。稳定的电压有助于减少电网传输和配电过程中的电能损耗。过高的电压会导致导线的过热和电能损耗增加，而过低的电压会导致电能传输效率下降。通过维持稳定的电压，可以降低电能传输和配电过程中的线损和电能损耗，提高电网的能源利用效率和经济性。

（5）促进电网规划和升级。稳定的电压是电网规划和升级的重要依据。在规划和设计电网时，需要考虑电压稳定性的要求，确保电网在预期的负荷增长和新能源接入下能够维持稳定的电压。稳定的电压为电网升级提供了基础和目标，促进电网的可持续发展和提升电网的可靠性和可扩展性。

（6）支持可再生能源集成。电压的稳定性对于可再生能源的高比例集成至关重要。可再生能源如风能和太阳能具有波动性和不确定性，而稳定的电压可以提供可靠的接入条件，确保可再生能源的平稳输送和利用。稳定的电压有助于提高可再生能源的可靠性、稳定性和经济性，促进清洁能源的发展和减少对传统能源的依赖。

电压的稳定性在电力系统中具有重要的意义。它不仅能够防止电力系统失稳、平衡供需关系和支持电网调度和控制，还可以降低电网损耗、促进电网规划和升级，以及支持可再生能源的集成。通过维持稳定的电压，可以提高电网的稳定性、可靠性和可持续发展能力，为用户提供稳定可靠的电力供应。

（四）提高能源利用效率

稳定的电压对于提高电力系统的能源利用效率具有重要意义。它能够减少传输线路和设备中的电阻损耗，降低电能的消耗和损耗，从而提高能源的利用效率和经济性。

（1）稳定的电压可以减少传输线路的电阻损耗。电力系统中的输电线路通常由导线组成，而导线的电阻会导致电能的损耗。当电压过高时，导线中的电流会增大，导致电阻损耗增加；而当电压过低时，导线中的电流会减小，同样会导致电阻损耗增加。通过维持稳定的电压，可以使导线中的电流保持在适当范围内，降低电阻损耗，提高电力传输的效率。

（2）稳定的电压有助于降低设备的电能损耗。电力系统中的各种设备，如变压器、电动机和电子设备，对电压的稳定性有一定的要求。当电压过高或过低时，设备的工作效率会降低，电能的损耗会增加。通过维持稳定的电压，可以保持设备的正常工作状态，降低设备的电能损耗，提高设备的能效和经济性。

（3）稳定的电压还有助于减少系统中的谐波损耗。电力系统中存在各种谐波，这些谐波会导致设备和线路中的能量损耗。稳定的电压可以减少谐波的产生和传输，降低谐波损耗，提高电力系统的能源利用效率。

（五）促进可再生能源的接入

可再生能源如风电和太阳能发电具有间断性和不确定性，其发电能力受到气候条件和自然资源的限制。因此，将大量可再生能源纳入电力系统需要考虑其对系统稳定性和电压控制的影响。

（1）稳定的电压可以提供可再生能源的高质量接入。可再生能源发电系统通常需要满足一定的电压和频率要求才能正常运行和连接到电力系统中。通过维持稳定的电压，可以确保可再生能源发电系统稳定的运行，并与传统发电系统协调运行。这有助于提高可再生能源的利用率和可靠性，为其可持续发展创造良好的条件。

（2）稳定的电压有助于减少可再生能源对电网的影响。由于可再生能源的不确定性和间断性，其发电能力可能在短时间内发生剧烈变化。这可能导致电网频率和电压的波动，对电力系统的稳定性产生不利影响。通过维持稳定的电压，可以减少可再生能源对电网的影响，降低系统的频率和电压波动，提高电力系统的稳定性和可靠性。

（3）稳定的电压有助于优化可再生能源的利用和调度。可再生能源的接入需要与传统发电系统进行协调，以实现平衡供需和优化能源利用。稳定的电压提供了准确的参考值和基准，支持电网调度员进行准确的发电计划和负荷分配，优化可再生能源的利用和调度。这有助于最大限度地利用可再生能源的潜力，提高其经济性和可持续性。

（六）支持电力市场运作

在自由化的电力市场中，电压的稳定性对于市场运作和参与者的利益至关重要。稳定的电压能够提供可靠和公平的市场环境，确保市场参与者在合理的电压条件下进行交易和运营。同时，电压的稳定性也为市场参与者提供了稳定的经济回报和投资保障。

（1）提供可靠的电力供应。稳定的电压确保供电能力与市场需求相匹配，避免供电短缺或过剩的情况发生。这有助于保证市场参与者能够获得可靠的电力供应，满足其业务和消费需求。

（2）保障市场公平竞争。稳定的电压为市场参与者提供了公平的竞争环境。在稳定的电压条件下，市场参与者能够以相同的基准进行业务运营和交易，避免因电压波动导致的不公平竞争和市场失衡。

（3）降低交易风险。电压的稳定性降低了市场参与者的交易风险。稳定的电压意味着供需平衡和电力系统的可靠运行，减少了交易中的不确定性和风险。市场参与者能够更加可靠地预测电力价格和供应情况，从而降低交易风险。

（4）支持新能源和能源市场发展。稳定的电压为新能源的接入和能源市场的发展提供了良好的基础。新能源发电设施如太阳能光伏和风力发电需要在稳定的电压条件下运行，以确保其可靠性和稳定性。稳定的电压还为能源市场的运作提供了准确的基准，支持市场参与者进行能源交易和市场调度。

（5）保障投资回报和利益保护。稳定的电压为市场参与者提供了投资回报和利益保护。市场参与者投资于电力设施和市场交易，希望能够获得稳定的经济回报和长期的利益。稳定的电压确保电力设施正常运行，保障市场参与者的投资回报和利益。

（七）提高电力系统的抗干扰能力

电力系统可能受到内部和外部的各种扰动和干扰，如负荷变化、短路故障、突发负荷变化、天气影响等。稳定的电压具有一定的抗干扰能力，能够在面对这些扰动时保持较为稳定的运行状态，降低对电力系统的影响，减少故障和停电的风险。

（1）负荷变化的抗干扰能力。电力系统面临负荷变化时，稳定的电压能够快速调整发电机组的输出功率，保持供需平衡，降低电网压降，减少电力系统对负荷变化的敏感性。稳定的电压可以使系统更好地适应负荷波动，减少由于负荷变化引起的频率偏离和电压波动。

（2）短路故障的抗干扰能力。电力系统在发生短路故障时，稳定的电压能够通过适当的电压调节和保护措施，限制故障电流的传播范围，减少故障扩大对系统造成的影响。稳定的电压能够提高电网的故障承受能力，降低故障对系统稳定性和可靠性的影响。

（3）突发负荷变化的抗干扰能力。突发负荷变化可能导致电压暂时下降或波动，而稳定的电压可以快速响应，并通过发电机组的调节来恢复电压稳定。稳定的电压能够减少电力系统对突发负荷变化的敏感性，保持供电的连续性和稳定性。

（4）外部环境影响的抗干扰能力。电力系统可能受到天气影响、环境变化等外部因素的干扰，如高温、风暴等。稳定的电压能够通过适当的电压调节和控制措施，减少外部环境对电力系统的影响，保持电网的稳定运行。

总而言之，电压的稳定性对于电力系统的正常运行、设备保护、用户需求满足、能源利用效率、电力市场运作和系统的稳定性具有重要意义。通过维持稳定的电压，可以提高电力系统的可靠性、经济性和可持续发展性，确保供电的质量和稳定性。因此，电压稳定性的维护和调控是电力系统运行和管理中不可或缺的重要环节。

第二节 电力系统的无功功率平衡与电压的关系

无功功率是电力系统中的重要指标，用于描述电力系统中的无功能量的交换和平衡情况。无功功率是由电容器、电感器和电抗器等无功元件产生或吸收的。在电力系统中，无功功率的平衡是指无功功率的产生和吸收之间达到平衡状态，即系统中的总无功功率为零。无功功率平衡的实现对于维持电力系统的稳定运行、提高电网的功率因数以及保证电压稳定性至关重要。无功功率的平衡与电压密切相关，主要体现在以下几个方面。

一、电压控制

无功功率平衡对于电压的控制起着重要作用。在电力系统中，无功功率的平衡与电压控制紧密相连。通过控制无功功率的产生和吸收，可以调节电压的大小和稳定性。例如，通过调节电容器的接入或退出，可以调整无功功率的平衡，从而影响电压的控制和调节。

（一）电容器和电感器的调节

电容器和电感器是常见的无功功率调节装置，它们可以通过吸收或注入无功功率来调节电压。当电力系统中的电压较低时，可以将电容器接入系统，以吸收无功功率并提高电压。相反，当电压较高时，可以将电容器退出系统，减少无功功率吸收，从而降低电压。通过控制电容器的接入和退出，可以实现对电压的精确控制和调节。

（二）发电机励磁调节

发电机的励磁系统可以通过调节磁场强度来控制发电机的输出无功功率，

从而影响电压的调节。增加励磁电流可以提供额外的无功功率注入系统，从而提高电压。相反，减小励磁电流可以减少无功功率注入，降低电压。通过调节发电机的励磁系统，可以对电压进行动态调控，以应对负荷变化和电网扰动，维持电压稳定。

（三）电压调节装置

电力系统中还使用各种电压调节装置来控制电压。例如，自动电压调节器（AVR）是用于调节发电机输出电压的装置。它通过监测系统电压并自动调整发电机的励磁电流，以维持稳定的电压输出。AVR 可以根据电网负荷和电压变化实时调整发电机的励磁，以保持系统的电压稳定。

（四）电压稳定器

电力系统中还使用电压稳定器来提供额外的电压控制能力。电压稳定器通过调整无功功率注入或吸收来控制电压的波动，以维持稳定的电压输出。它可以自动感知电压变化并调整其输出，以补偿电网的电压波动，并保持电压在合理范围内。

通过上述控制措施和装置，可以对电力系统的无功功率平衡进行调节和控制，从而影响电压的大小和稳定性。这些控制措施和装置确保了电力系统的无功功率平衡，从而维持了稳定的电压。

二、电压损耗

无功功率的不平衡会导致电压的损耗。当电力系统中存在无功功率不平衡时，会导致电压在不同节点之间的不均衡分布，进而造成电压损耗。这些电压损耗会影响电力系统的电能传输效率和电压稳定性。

（一）电压不平衡与无功功率不平衡

电力系统中的无功功率不平衡会导致电压的不均衡分布。当负载中存在无功功率不平衡时，负载之间的电流和功率因子不同，会导致电压的不均匀分布。这会导致电压在不同节点之间的差异，进而产生电压损耗。

（1）电压波动和振荡。电压不平衡会导致不同节点之间的电压差异，使得电压在时间上出现波动和振荡。这会对电力系统的稳定性和设备的正常运行造成影响。频繁的电压波动和振荡可能导致设备故障、电流过大或电流不平衡。

（2）过电压和欠电压。电压不平衡会导致某些节点的电压过高，而其他节点的电压过低。过电压和欠电压都会对设备造成损害。过电压可能导致设备的过热、绝缘击穿和损坏，而欠电压会导致设备无法正常运行、功率下降和设备寿命缩短。

（3）负载电流不平衡。无功功率不平衡会导致负载电流的不平衡分布。不平衡的负载电流会对电力系统的输电线路和变压器产生不均匀的负荷，增加了线路和设备的电阻损耗，并导致过载和过热的风险。

（4）不均匀的负荷分配。无功功率不平衡会导致不均匀的负荷分配，即一部分负荷承担了过多的无功功率，而其他负荷则承担较少的无功功率。这会导致负荷的不均匀运行和负载能力的浪费。

（5）功率因数不稳定。无功功率不平衡会导致功率因数的不稳定性。功率因数是衡量电力系统有效利用有功功率的指标，不稳定的功率因数会导致能量的浪费和电力系统效率的下降。

（6）电能损耗增加。电压不平衡和无功功率不平衡会导致电能损耗的增加。电压不平衡会引起额外的电压损耗，而无功功率不平衡会导致额外的电流损耗和无功功率损耗。这些损耗会影响电力系统的能源利用效率和经济性。

（二）电压损耗的原因

电压损耗是指在电力系统中，由于各种因素导致电压降低的现象。无功功率不平衡是造成电压损耗的一个重要原因。

1. 输电线路的电阻和电抗

在输电线路中，电流通过电阻和电抗元件会产生电压降。当无功功率不平衡存在时，不同线路上的负荷电流不平衡，导致不同支路的电阻和电抗损耗不同。这会使得电流通过电阻和电抗的分布不均匀，产生不同程度的电压降，增加了线路的电压损耗。

2. 配电变压器的损耗

配电变压器将高压电能转换为低压供应给用户。当无功功率不平衡存在时，变压器的负载不均衡会引起不同相线圈的磁通不均匀分布，导致铁芯和线圈的磁耗和铜耗增加。这些损耗会使变压器的效率下降、电压损耗增加。

3. 系统电抗和无功补偿设备

电力系统中的电抗元件（如电容器、电感器等）和无功补偿设备用于调节系统的无功功率平衡。然而，当存在无功功率不平衡时，无功补偿设备的分布和运行状态会受到影响。部分负载承担过多的无功功率，导致无功补偿设备的不均衡运行。这会使补偿设备的补偿效果降低，引起电压损耗的增加。

除了无功功率不平衡，其他因素也可能导致电压损耗的增加，如线路阻抗、变压器的额定功率、电流负载率等。因此，在电力系统的设计和运行中，需要采取一系列措施来降低电压损耗，包括合理规划输电线路、优化配电变压器的选择与布置、合理配置无功补偿设备以及提高系统的电压控制能力等。这些措施可以减少无功功率不平衡和其他因素对电压的影响，降低电压损耗，提高电力系统的效率和稳定性。

（三）影响电压损耗的因素

无功功率不平衡引起的电压损耗受到多个因素的影响，包括以下几个因素。

（1）无功功率不平衡的程度。无功功率不平衡是导致电压损耗的主要原因之一。当电力系统中的无功功率不平衡程度增大时，即负荷中的正序、负序和零序无功功率之间存在较大的差异，会引起电压的不平衡分布和电压损耗的增加。

（2）负载特性和负载水平。不同类型的负载对电压损耗有不同的影响。例如，非线性负载（如电子设备、电弧炉等）会引起谐波电流，增加电压损耗；不平衡负载（如不平衡负载电流和负载阻抗）会导致电压不平衡和损耗增加。此外，负载水平的大小也会影响电压损耗，较高的负载水平会增加线路和设备的电阻和电抗损耗。

（3）线路参数和配置。线路的电阻和电抗以及线路的长度和配置对电压损耗有重要影响。较长的线路和较小的导线截面积会导致较大的电阻损耗和电压降。此外，线路的配置（如并联线路、环网线路等）也会影响电压损耗。

（4）变压器和无功补偿设备的特性。变压器和无功补偿设备对电压损耗有一定的影响。变压器的变比和负载特性（如变压器的无功功率需求）会影响变压器的损耗和电压调节能力。无功补偿设备（如电容器、电抗器）的容量、配置和响应速度也会影响电压损耗的控制和调节能力。

（5）电力系统的控制策略。电力系统的控制策略对电压损耗起着重要作用。通过合理的电压控制策略，如无功功率补偿、电压调节、电压平衡控制等，可以减少无功功率不平衡带来的电压损耗，提高电力系统的效率和稳定性。

电压损耗受多个因素的综合影响，需要在电力系统设计、运行和控制中综合考虑这些因素，采取相应的措施来降低电压损耗。

三、功率因数

功率因数是衡量电路中有功功率和视在功率之间关系的参数。它表示电能在电路中的有效利用程度，是衡量电路能效的重要指标。功率因数的大小取决于有功功率和无功功率之间的平衡关系。

无功功率平衡对于提高电网的功率因数至关重要。当电网中存在无功功率不平衡时，无功功率的产生和吸收不平衡，会导致功率因数下降。无功功率不平衡可能由不平衡的负载、电力设备的运行状态或电力系统中的其他因素引起。

通过平衡无功功率的产生和吸收，可以调节功率因数的大小，提高电网的功率因数。一种常见的方法是通过无功功率补偿设备，如电容器和电抗器，来平衡系统中的无功功率。通过调整这些设备的容量和运行状态，可以对电路中的无功功率进行补偿，使无功功率的产生和吸收保持平衡，从而提高功率因数。

高功率因数的优点包括降低电网中的无效功率损耗、减少线路和设备的电压损耗、提高电能传输效率和降低电能供应成本。此外，高功率因数还能减少电网中的谐波和干扰，提高电力系统的稳定性和可靠性。

为了实现良好的功率因数控制，电力系统需要采取适当的措施。这包括合理规划和设计电力系统，选择高效的设备和无功功率补偿装置，以及实施有效的运行和维护策略。此外，对电力系统中的负载进行合理管理和控制，平衡负载的无功功率需求，也是提高功率因数的重要手段。

通过平衡无功功率的产生和吸收，调节功率因数的大小，可以提高电网的功率因数，降低无效功率的损耗，提高电能的利用效率和电力系统的性能。这对于电网的可靠性、经济性和可持续发展具有重要意义。

电力系统中的无功功率平衡与电压密切相关。通过平衡无功功率的产生和吸收，可以控制电压的大小和稳定性，减少电压损耗，提高电网的功率因数，从而保证电力系统的稳定运行和电压的稳定性。

第三节　自动电压控制

自动电压控制（Automatic Voltage Control，简称 AVC）是一种电力系统中的控制策略，旨在实现电网中的电压稳定控制。它通过自动调节和控制电力系统中的设备，以维持电压在合理范围内，并确保电力系统的可靠运行。

一、自动电压控制系统的组成

自动电压控制系统通常由以下几个主要组件组成。

（一）电压监测装置

电压监测装置是自动电压控制系统的重要组成部分，用于实时监测电力系统中各节点的电压。它可以测量电网中各个节点（如发电机、变电站、母线等）的电压值，并将这些数据传输给控制中心进行处理和分析。电压监测装置通常包括以下主要组件。

（1）电压传感器。电压传感器用于直接测量电网中各节点的电压值。它通常采用电位器、电容器或电阻器等传感器原理来实现电压的测量。传感器将电压信号转化为电信号，并输出给监测装置进行处理。

（2）数据采集单元。数据采集单元负责接收来自电压传感器的电压信号，并进行采样和数字化处理。它将模拟信号转换为数字信号，并进行数据的采集和存储，以便后续的数据处理和分析。

（3）通信接口。电压监测装置通过通信接口与其他设备和系统进行数据交换和传输。它可以与控制中心、数据传输系统或其他监测装置进行通信，将采集到的电压数据发送给相应的接收端进行处理和分析。

（4）数据处理和分析。电压监测装置具备数据处理和分析的功能，可以对采集到的电压数据进行处理、计算和分析。它可以实时监测电压的变化趋势、偏差值和稳定性，通过算法和模型对电压状态进行评估和预测。

（5）故障检测和报警。电压监测装置可以检测电力系统中的电压异常情况，如电压过高、过低或波动超过预定范围等。一旦检测到异常，它会触发报警机制，向控制中心或相关人员发送警报，以便及时采取措施进行调节和修复。

通过电压监测装置，自动电压控制系统可以获得电力系统中各节点的实时电压信息，并基于这些数据进行电压控制和调节。监测装置的准确性和可靠性对于实现电压的稳定控制至关重要，它为控制中心提供了电压状态的重要参考，以支持自动电压控制系统的运行和决策。

（二）控制中心

控制中心是自动电压控制系统的核心组件，它起着监测、决策和控制的关键作用。控制中心通常由电力系统操作员或自动化控制系统管理，具备以下功能。

（1）数据接收和处理。控制中心通过与电压监测装置、传感器和其他数据源的连接，接收并处理实时的电压数据。这些数据包括各节点的电压值、电压偏差、电压波动等。控制中心会对这些数据进行分析、计算和处理，以获得电网中电压的整体状态和趋势。

（2）控制策略和算法。控制中心基于预设的控制策略和算法，根据实时的电压数据和系统运行情况，制定电压控制的决策和调节方案。这些策略和算法包括电压调节、无功功率补偿、发电机励磁控制、变压器调节等，旨在维持电网的电压稳定。

（3）控制指令的生成和发送。根据控制策略的结果，控制中心生成相应的控制指令，并将其发送给自动调压装置、无功功率补偿装置和其他控制设备。这些指令包括调整发电机组的励磁水平、调节无功功率补偿设备的容量、切换变压器的分接头等，以实现电压的调节和控制。

（4）监控和报警。控制中心对整个自动电压控制系统进行监控和管理，监测系统的运行状态、设备的工作情况和电压控制的效果。如果发现异常情况或设备故障，控制中心会触发报警机制，并向操作员或相关人员发送警报，以及时采取必要的措施。

（5）用户界面和操作界面。控制中心提供直观的用户界面和操作界面，使操作员能够实时监视电网中的电压状态、控制指令和设备运行情况。这些界面通常以图形化形式展示电网拓扑图、电压曲线、告警信息等，以便操作员进行实时的监控和操作。

通过控制中心，自动电压控制系统能够实现对电网中电压的监测、控制和调节。控制中心的高效运行和准确决策对于保持电压稳定和实现自动电压控制至关重要。它通过接收和处理实时的电压数据，制定合适的控制策略和算法，并生成相应的控制指令，以实现电网中电压的稳定和调节。控制中心的监控和报警功能可以及时发现异常情况并采取相应措施。用户界面和操作界面则提供直观的信息展示和操作接口，使操作员能够实时监视和操作电压控制系统。

（三）自动调压装置

自动调压装置是自动电压控制系统中的重要组成部分，它根据控制中心的指令，自动调整发电机组的励磁系统、变压器的分接头或其他调节设备，以调节电压的大小和稳定性。自动调压装置通常具备以下功能和特点。

（1）励磁系统控制。对于发电机组，自动调压装置能够监测电压的变化，并通过调节励磁系统的参数，如励磁电流或励磁电压，实现对发电机输出电压的调节。根据控制中心的指令，自动调压装置能够自动控制发电机的励磁水平，使其输出的电压保持在预定范围内。

（2）变压器调节。对于变压器，自动调压装置能够自动调节变压器的分接头，以调整变压器的变比，从而影响输出电压的大小。根据控制中心的指令，自动调压装置可以切换变压器的分接头，实现对电压的调节和控制。

（3）调节设备控制。除了发电机组和变压器，自动调压装置还可以控制其他调节设备，如电容器和电抗器。根据控制中心的指令，自动调压装置能够自动接入或退出电容器和电抗器，以调节无功功率的产生和吸收，从而对电压进行调节和稳定。

（4）响应速度和精度。自动调压装置具有快速的响应速度和高精度的调节能力。它能够迅速检测到电压的变化，并根据控制中心的指令，调节相关设备，使电压能够在较短的时间内恢复到稳定状态。

通过自动调压装置的控制，电力系统能够实现对电压的自动调节和控制。它能够根据实时的电压数据和控制策略，自动调整发电机组、变压器和其他调节设备的参数，以维持电网中的电压稳定和可靠运行。自动调压装置的高效性和精确性对于保持电压的稳定和实现自动电压控制至关重要。

（四）无功功率补偿装置

无功功率补偿装置是自动电压控制系统中的重要组成部分，它主要用于调节无功功率的产生和吸收，以维持电压的稳定性。常见的无功功率补偿装置包括电容器和电抗器。无功功率补偿装置具备以下功能和特点。

（1）电容器补偿。电容器作为一种无功功率补偿装置，可以通过存储和释放电能的方式，产生或吸收无功功率，以调节电力系统中的功率因数和电压。当电网负载存在感性无功功率需求时，电容器可以通过向电网注入无功功率来实现补偿，提高功率因数并提升电压的稳定性。

（2）电抗器补偿。电抗器是另一种常见的无功功率补偿装置，它能够产生或吸收感性无功功率，以调节电力系统中的功率因数和电压。当电网负载存在容性无功功率需求时，电抗器可以通过吸收感性无功功率来实现补偿，提高功率因数并调节电压的稳定性。

（3）调节无功功率。自动电压控制系统可以根据电网中的无功功率需求，通过控制无功功率补偿装置的容量和运行状态来调节无功功率的产生和吸收。根据实时的电压数据和控制策略，自动电压控制系统能够自动控制无功功率补偿装置的开关状态，以满足电网的无功功率需求和电压稳定性要求。

（4）响应速度和精度。无功功率补偿装置具有快速的响应速度和高精度的调节能力。它能够迅速检测到电网中无功功率的变化，并根据控制中心的指令，调节无功功率补偿装置的容量和运行状态，以实现对电压的快速调节和稳定控制。

通过无功功率补偿装置的调节，自动电压控制系统能够实现对电压的稳定调节和控制。无功功率补偿装置根据电网中的无功功率需求，通过产生或吸收无功功率，调节电力系统中的功率因数和电压，从而维持电网的电压稳定和可靠运行。

（五）通信和数据传输系统

通信和数据传输系统是自动电压控制系统中的关键组成部分，它起到连接各个组件和设备的桥梁作用，实现实时数据的传输和系统的协调控制。通信和数据传输系统具备以下功能和特点。

（1）数据采集和传输。通信系统负责从电压监测装置、传感器和其他数据源收集实时的电压数据，并将这些数据传输至控制中心。它可以采用各种通信协议和技术，如局域网、广域网、无线通信等，以确保数据的准确和及时传输。

（2）远程监控和控制。通信系统使得控制中心能够远程监控和控制各个控制设备。通过建立与自动调压装置、无功功率补偿装置和其他关键设备的通信连接，控制中心可以发送控制指令，并接收和解析设备的状态反馈，实现对电压的远程调节和控制。

（3）数据处理和分析。通信系统将从各个设备和传感器收集的数据传输至控制中心，进行数据处理和分析。控制中心利用这些数据进行电网的状态估计、趋势分析和控制决策，为自动电压控制系统提供实时的电压信息和控制策略。

（4）报警和事件通知。通信系统可以实现对系统状态的实时监控，并根据预设的条件和阈值，触发报警和事件通知。当发生异常情况或设备故障时，通信系统可以向控制中心、操作员或相关人员发送警报，以促使及时采取适当的措施。

（5）系统协调和同步。通信系统确保各个组件和设备之间的数据同步和协调。它提供了统一的数据交换平台，使得电压监测装置、控制中心和各控制设备能够实时共享数据和信息，保持整个自动电压控制系统的一致性和协同工作。

通过通信和数据传输系统的建立，自动电压控制系统能够实现各个组件和设备之间的信息交流和协调控制。它实现了电压数据的实时采集、远程监控和控制、数据处理和分析，为电网的电压稳定提供了强有力的支持和保障。

自动电压控制的目标是保持电力系统中各节点的电压在预定范围内，并满足电力系统的负荷需求。通过自动调节和控制设备，自动电压控制系统能够响应电网中的电压变化，并采取相应措施，如调整发电机组的输出功率、调节无功功率补偿装置的容量等，以维持电网的电压稳定。

二、自动电压控制在电力系统中的意义

自动电压控制在电力系统中具有重要的意义，它对于电力系统的稳定运行、电压质量的提高和负荷需求的满足起着关键作用。

（1）电压稳定性。自动电压控制系统能够监测电力系统中的电压波动和偏差，并及时采取控制措施进行调解。它能够维持电压在合理范围内，防止电压过高或过低对电力系统的影响，确保电力系统的电压稳定性，降低电力设备的故障率和损耗，提高电力系统的可靠性。

（2）电压质量改善。自动电压控制系统可以调节电力系统中的无功功率补偿设备和自动调压装置，以改善电网的功率因数和电压波动。它能够减少无功功率引起的电压波动和损耗，提高电压的质量，降低电力系统中的谐波和电压失真，改善供电质量和用户体验。

（3）负荷需求满足。自动电压控制系统能够根据电网负荷的变化和需求，自动调节发电机组的输出功率和负荷侧的响应，以满足电力系统的负荷需求。它能够实现负荷与发电之间的平衡，避免负荷过重或过轻对电网的影响，确保用户得到稳定可靠的电力供应。

（4）能源利用效率提高。自动电压控制系统能够通过调节电压、无功功率补偿和负荷控制等手段，优化电力系统的运行状态，减少电网损耗和能源浪费，提高电力系统的能源利用效率。它能够降低电网传输和配电过程中的线损和电能损耗，提高电力系统的经济性和可持续性。

自动电压控制在电力系统中的意义体现在提高电力系统的稳定性、改善电压质量、满足负荷需求和提高能源利用效率等方面。它是实现智能化、高效化的电力系统运行管理的重要手段，对于保障电力供应的可靠性和质量具有重要意义。自动电压控制系统的应用可以有效应对电力系统面临的挑战，提高电力系统的可靠性、灵活性和经济性，为电力系统的可持续发展做出贡献。

第四节　电力系统电压的综合控制

一、主动电压控制

主动电压控制是电力系统中一种重要的调节手段，它通过对发电机组的励磁系统和变压器的分接头进行调整，以实现对电压的精确控制和稳定。

在主动电压控制中，发电机组的励磁系统起着关键作用。励磁系统通过调节发电机的磁场强度，控制发电机的输出电压。通过调节励磁系统的参数，如励磁电流、励磁电压和励磁时间常数等，可以实现对发电机输出电压的调节。一般情况下，电力系统调度中心会根据电网的电压状态和负荷需求，制定相应的发电机励磁策略，并下发控制指令给各个发电机组。

另一个影响电压的关键组件是变压器的分接头。变压器是电力系统中起着电压变换和传输功能的重要设备。通过调节变压器的分接头位置，可以实现对电压的调节。当电网电压过高时，可以将变压器的分接头切换到较低的位置，降低输出电压；当电网电压过低时，可以将分接头切换到较高的位置，提高输出电压。这样，可以在一定范围内对电压进行控制和调节。

主动电压控制系统会根据实时的电压监测数据和系统负荷需求，通过电力系统调度中心制定相应的控制策略和调节方案。这些策略和方案可以包括电压调节的目标范围、发电机励磁水平的调整、变压器分接头的切换规则等。根据电网的实际情况，控制中心会实时监测和分析电压数据，与发电机组和变压器进行通信，并下发控制指令，实现对电压的精确控制和稳定。

通过主动电压控制，可以实现电网中各节点电压的均衡和稳定。它可以调节发电机组的输出功率，控制无功功率的注入和吸收，以维持电力系统的电压在合理的范围内。这样可以降低电力设备的故障率和损耗，提高电力系统的可靠性和稳定性。此外，主动电压控制还可以提高电网的电压质量，减少电压的波动和谐波含量，改善电力供应的稳定性和质量。

二、无功功率调节

无功功率调节在电力系统中是一项重要的控制手段，它通过调节电网中的无功功率的产生和吸收来实现对电压的调节和控制。无功功率调节的主要目标是维持电力系统的无功功率平衡，保持电压的稳定性和功率因数的合理范围。

无功功率调节可以通过多种方式实现。

（一）电容器和电抗器的调节

电容器和电抗器是常用的无功功率调节设备。通过调节电容器的容量，可以改变无功功率的产生和吸收情况，从而调节电网中的无功功率平衡。当电网需要吸收无功功率时，电容器可以被接入电网，吸收多余的无功功率；当电网需要产生无功功率时，电容器可以被切除，减少无功功率的吸收。电抗器的调节方式与电容器类似，可以根据实际需求调整电抗器的容量和连接状态，以实现无功功率的调节。

（二）发电机励磁控制

发电机组的励磁系统对电力系统的无功功率调节起着重要作用。通过调节励磁电流、励磁电压和励磁时间常数等参数，可以改变发电机的无功功率输出，从而调节电压的大小和稳定性。当电压过低时，提高发电机的励磁水平可以提高输出的无功功率，增加电网的电压；当电压过高时，减小励磁水平可以降低无功功率的注入，降低电网的电压。通过对发电机励磁系统的精确调节，可以实现对电网电压的快速响应和稳定控制。

（三）STATCOM 调节

STATCOM（Static Synchronous Compensator，静态同步补偿器）是一种电力电子设备，用于调节电力系统的无功功率和电压。STATCOM 通过控制其电压和电流的相位和幅值，可以主动地吸收或注入无功功率，从而调节电网的无功功率平衡和电压稳定性。STATCOM 具有快速响应和灵活性的特点，能够在电力系统中实现精确的无功功率调节和电压控制。

无功功率调节的目标之一是控制电力系统的功率因数。功率因数是有功功率与视在功率之间的比值，它反映了电能的有效利用程度以及电力系统的效率和经济性。通过无功功率调节，可以调整电力系统的功率因数，使其保持在合理的范围内。当功率因数过低时，表示系统中存在较多的无功功率，导致电能的浪费和损耗增加。通过增加无功功率的吸收或减少无功功率的注入，可以提高功率因数，降低无效功率的损耗。相反，当功率因数过高时，表示系统中存在较多的有功功率，可以通过适当调节无功功率地注入或吸收来降低功率因数。

此外，无功功率调节还能够减少电网的电压波动和提高电压稳定性。通过调节无功功率的产生和吸收，可以平衡电网中的无功功率需求，减少电压的剧烈波动，确保电压在合理范围内稳定运行。这对于保护电力设备、提高电网的可靠性和稳定性具有重要意义。

无功功率调节是电力系统中实现电压调节和控制的重要手段之一。通过调节电容器、电抗器、发电机励磁和 STATCOM 等设备，可以实现对电网无功功率的平衡和调节，保持电压稳定和功率因数在合理范围内。这有助于提高电力系统的可靠性、经济性和电能利用效率。

三、调压装置控制

调压装置控制在电力系统中具有关键的作用，它能够实现对电网电压的精确控制和稳定调节。

（1）发电机励磁控制。发电机励磁系统是调节电力系统电压的重要组成部分。通过调整发电机励磁系统的参数，如励磁电流、励磁电压和励磁时间常数等，可以实现对发电机的输出电压的调节和稳定控制。调压装置控制根据电压监测数据和负荷需求，自动调整励磁系统的工作状态，以实现电网电压的快速响应和稳定调节。

（2）变压器分接头控制。变压器分接头的切换是调节电力系统电压的一种常用方式。通过调整变压器的分接头位置，可以实现对电压的调节和稳定。调压装置控制根据电网电压的变化和负荷需求，自动切换变压器的分接头位置，以保持电压在合理范围内稳定运行。切换变压器分接头可以实现快速的电压调节，适应电网负荷变化和电压波动的需求。

（3）电力电子设备控制。调压装置还可以包括电力电子设备，如静态无功补偿器（SVC）和静态同步补偿器（STATCOM）。这些设备通过控制其电压和电流的相位和幅值，可以实现电力系统电压的调节和稳定。调压装置控制根据电网的电压状态和负荷需求，控制电力电子设备的工作状态和参数，以实现对电网电压的精确调节和稳定控制。

（4）控制策略和算法。调压装置控制使用先进的控制策略和算法，根据实时的电压监测数据、负荷需求和系统运行状态，制定相应的控制决策。这些策略和算法可以包括电压调节的目标范围、切换分接头的规则、励磁系统的调整方式等。调压装置控制根据这些策略和算法，自动进行控制操作，以实现电网电压的稳定和调节。

四、负荷调节

负荷调节在电力系统中扮演着重要的角色，它能够根据电力系统的负荷需求和供电能力，调节负荷的分配和响应，以实现电力系统的供需平衡和电压稳定。

（1）负荷响应速度。负荷调节要求负荷能够快速响应电网的变化。通过监测电网电压和负荷情况，负荷侧设备可以迅速调整其电力消耗或电力生成，以匹配电网的供应能力。负荷响应速度的快慢直接影响电网电压的稳定性和供电质量。

（2）负荷接入和退出控制。负荷调节需要对负荷的接入和退出进行控制。当电力系统负荷需求增加时，新的负荷可以接入电网，通过合理的调节，将供电能力与负荷需求保持平衡。相反，当负荷需求下降或有需要断电的情况时，相关负荷可以被控制性地退出，以避免负荷过重或对电网造成过载。

（3）负荷平衡。负荷调节旨在实现电力系统的供需平衡。通过合理调整发电机组的输出功率和负载的响应，负荷调节可以确保负荷与发电之间的平衡，避免负荷过重或过轻对电网的影响。负荷平衡是维持电压稳定性和电力供应可靠性的关键因素。

（4）负荷优化管理。负荷调节可以实现对电力系统负荷的优化管理。通过监测和分析负荷数据、负荷需求预测以及电力系统的供应能力，负荷调节可以制定合理的负荷分配策略，以最大限度地满足用户需求，同时保持电网电压的稳定。

（5）基于通信和数据传输的负荷控制。现代电力系统中，负荷调节越来越依赖于通信和数据传输技术。通过建立负荷侧设备与调度中心之间的通信和数据传输系统，可以实现实时监测和控制负荷侧的负荷响应。调度中心可以根据电网的需求下发负荷控制指令，负荷侧设备可以根据指令调整负荷的消耗或生成，以实现负荷调节和电网的供需平衡。

负荷调节的目标是确保电力系统的供需平衡和电压的稳定，以满足用户的电力需求并保障电力系统的可靠运行。通过合理的负荷调节，可以优化电力系统的运行效率，降低能源浪费，提高电网的稳定性和可持续性。

五、通信和数据传输系统

通信和数据传输系统在电力系统的电压综合控制中起着关键作用。它作为信息交互和控制指令传递的桥梁，连接了各个关键组件和设备，实现了系统的实时监测、数据传输和协调控制。

首先，通信和数据传输系统连接了电压监测装置。电压监测装置负责实时监测电网的电压情况，并将监测数据通过通信和数据传输系统传送至控制中心。这些数据包括各个节点的电压数值、电压偏差以及电网的负荷情况等。通信和数据传输系统确保了电压监测数据的准确传输和及时更新，为控制中心提供了实时的电压状态信息。

其次，通信和数据传输系统连接了控制中心。控制中心是电力系统的核心，负责制定电压控制策略、监控系统运行状态，并下发控制指令给各个调节设备。通信和数据传输系统使得控制中心能够与各个关键设备进行双向通信，实现控制指令的传递和执行结果的反馈。控制中心通过接收来自电压监测装置的数据，结合负荷需求和系统运行状态，制定相应的控制策略，并将控制指令通过通信和数据传输系统发送给自动调压装置、无功功率补偿装置等设备。

此外，通信和数据传输系统还连接了自动调压装置和无功功率补偿装置等控制设备。这些装置接收控制中心下发的指令，根据指令进行相应的调节和控制。自动调压装置根据控制中心的指令，自动调整发电机组的励磁系统和变压器的分接头等设备，以实现电压的调节和稳定。无功功率补偿装置则根据指令调节无功功率的产生和吸收，以维持电力系统的无功功率平衡。通信和数据传输系统确保了控制指令的及时传递和装置状态的实时反馈，使控制设备能够准确响应并执行控制命令。

总而言之，通信和数据传输系统实现了电压监测数据的实时传输和控制指令的准确传递，以实现电力系统各个组件之间的协调控制和信息交互。通过通信和数据传输系统，电力系统可以实时监测和控制电压，调节设备的工作状态，维持电力系统的稳定运行和电压的合理范围。同时，通信和数据传输系统还提供了对电力系统运行状态的远程监测和管理能力，使操作人员可以及时获得电网信息并采取必要的措施。

通信和数据传输系统采用多种通信技术和协议，如 SCADA（Supervisory Control and Data Acquisition，监控与数据采集系统）、通信网络、远程通信、互联网等。它们提供了可靠的数据传输和实时通信能力，确保了控制指令和监测数据的准确性和及时性。此外，通信和数据传输系统还支持数据的存储、处理和分析，为电力系统运行管理和决策提供了重要的支持。

第五节 电力系统无功功率电源的最优控制

电力系统无功功率电源的最优控制是指通过合理的控制策略和算法，使无功功率电源的运行达到最优化的目标，以提高电力系统的稳定性、功率因数和能源利用效率。最优控制的目标可以是最小化无功功率损耗、最大化无功功率的调节范围、最优化电力系统的功率因数等。

最优控制的实现需要考虑多个因素和条件，包括电力系统的负荷需求、电压稳定性要求、发电机组和无功功率电源的能力限制、系统的经济性等。

一、无功功率优化算法

无功功率优化算法在电力系统中的最优控制中起着重要作用。这些算法通过数学建模和优化技术，对电力系统的无功功率电源进行调度和优化，以达到最优的运行状态和性能。

（一）线性规划（Linear Programming，LP）

线性规划是一种常用的优化算法，它通过建立线性数学模型和约束条件，寻找使目标函数最小或最大的最优解。在无功功率优化中，线性规划算法可以考虑电力系统的负荷需求、无功功率电源的能力限制以及电压稳定性等因素，计算出最优的无功功率调度策略。线性规划算法的优点是求解速度较快，适用于较小规模的问题。

（二）整数规划（Integer Programming，IP）

整数规划是一种在线性规划基础上引入整数变量的优化算法。在无功功率优化中，整数规划算法可以考虑发电机组的离散调节能力和无功功率电源的离散性质，将其作为整数变量，并通过约束条件对其进行限制。整数规划算法可以更精确地找到最优的无功功率调度方案，但由于引入整数变量，计算复杂度较高，适用于中等规模的问题。

（三）遗传算法（Genetic Algorithm，GA）

遗传算法是一种基于生物进化原理的优化算法。它通过模拟自然选择、交叉和变异等过程，搜索潜在的最优解。在无功功率优化中，遗传算法可以通过构建适应度函数、基因编码和遗传操作等步骤，对无功功率电源进行调度和优化。遗传算法具有较强的全局搜索能力和适应性，可以找到复杂问题的较优解，但求解速度较慢。

（四）粒子群优化算法（Particle Swarm Optimization，PSO）

粒子群优化算法是一种模拟群体行为的优化算法。它通过模拟粒子在解空间中的搜索和信息交流，寻找最优解。在无功功率优化中，粒子群优化算法可以将无功功率电源的调节策略表示为粒子的位置，根据粒子间的信息交流和个体的最优位置，逐步优化调度方案。粒子群优化算法具有较好的收敛性和较快的收敛速度，在求解无功功率优化问题时具有较高的效率。

根据具体的电力系统特点、问题规模和求解要求选择合适的无功功率优化算法，并结合实际情况进行有效的调度和优化。这些算法可以通过数学建模和仿真等手段进行验证和分析，以确保最优调度方案的可行性和可靠性。

二、负荷优化管理

负荷优化管理在电力系统无功功率电源的最优控制中起着关键作用。通过合理调节和管理负荷，可以实现电力系统的无功功率最优化，以提高系统的稳定性、功率因数和能源利用效率。

首先，负荷调节算法根据电力系统的负荷需求和电压稳定性要求，对负荷进行合理的分配和响应。负荷调节可以根据负荷的特性和优先级，调整其用电模式和电力消耗，以实现对无功功率的调节和优化。例如，在负荷需求较低的时段，可以通过降低负荷的用电量或调整负荷的工作模式，减少无功功率的消耗，从而优化系统的功率因数。负荷调节算法还可以结合电力系统的负荷曲线和负荷曲率等信息，对负荷进行预测和调度，以实现最优的无功功率控制。

其次，负荷优化管理可以结合电力系统的实时数据和需求预测，进行负荷预测和调度。通过收集和分析电力系统的实时数据，如负荷曲线、电压数据、功率因数等，可以了解系统的运行状态和负荷特性。基于这些数据，结合负荷需求的预测，可以制定合理的负荷调度策略，以实现最优的无功功率调节。例如，根据负荷需求的预测结果，合理分配和调整负荷的接入或退出时间，以最大限度地满足用户需求，同时保持系统的电压稳定和功率因数优化。

再次，负荷优化管理还可以考虑电力系统的经济性。通过考虑电力价格、电力市场的需求响应和契约约束等因素，可以制定经济性最优的负荷调度方案。例如，在电力价格较高的时段，可以通过合理调节负荷的运行模式和用电量，减少无功功率的消耗，从而降低系统的电力成本。负荷优化管理还可以结合可再生能源的发电特性和负荷特性，进行协调调度和优化，以提高能源利用效率和系统的可持续性。

三、励磁控制策略

励磁控制策略在电力系统无功功率电源的最优控制中扮演着关键角色。通过优化发电机组的励磁控制，可以实现无功功率的最优调节，以提高电力系统的稳定性和功率因数。

励磁控制是通过调整发电机组的励磁电流、励磁电压和励磁时间常数等参数来控制无功功率输出。励磁控制的目标是根据电力系统的运行状态和无功功率调节需求，调整励磁系统的工作点，使发电机组输出所需的无功功率，以实现电力系统的无功功率最优控制。

最优控制算法在励磁控制策略的制定中起着重要作用。这些算法根据电力系统的电压稳定性要求、无功功率调节需求和发电机组的能力限制等因素，计算出最优的励磁控制策略。算法可以考虑系统的实时数据，如电压测量值、无功功率测量值和负荷需求，以及发电机组的励磁特性和限制条件，通过数学建模和优化技术找到最优的励磁参数设定。

最优控制算法可以基于不同的优化方法，如线性规划、整数规划、遗传算法等。线性规划方法可以求解励磁控制问题的线性化模型，以最小化或最大化目标函数（如功率因数、无功功率损耗）为目标。整数规划方法可以考虑发电机组的离散调节能力，通过引入整数变量进行优化。遗传算法可以模拟生物进化过程，通过种群的遗传操作和适应度评估，逐步优化励磁控制策略，找到较优解。

励磁控制策略的最优化还需要考虑发电机组的稳定性和响应速度。优化算法需要综合考虑发电机组的励磁响应时间、励磁电压限制和励磁电流限制等因素，以确保系统的稳定性和安全性。同时，励磁控制策略的优化还可以考虑电力系统的经济性因素，以降低无功功率损耗和提高能源利用效率。

四、无功功率补偿设备的优化控制

无功功率补偿设备的优化控制在电力系统无功功率电源的最优控制中起着重要作用。通过控制无功功率补偿设备，如静态无功补偿器（SVG）、静态同步补偿器（STATCOM）等，可以实现对无功功率的最优调节，以提高电力系统的稳定性、功率因数和能源利用效率。

无功功率补偿设备可以根据电力系统的无功功率需求和系统功率因数可以优化的目标进行控制。这些设备通过对电流或电压进行调解，产生与负载所需的无功功率相抵消的无功功率，从而达到功率平衡和功率因数优化的目的。

最优控制算法在无功功率补偿设备的优化控制中起着关键作用。算法考虑电力系统的运行状态、负荷需求和无功功率电源的能力限制等因素，通过建立数学模型和优化技术，计算出最优的无功功率补偿装置的控制策略和参数设置。

首先，最优控制算法可以基于电力系统的实时数据和需求预测，对无功功率补偿设备进行负荷预测和调度。通过收集和分析电力系统的负荷曲线、电压数据和功率因数等信息，结合无功功率需求的预测，可以确定最优的补偿装置的调度方案，以实现无功功率的最优调节。

其次，最优控制算法可以考虑无功功率补偿设备的能力限制和响应速度。根据设备的额定容量、响应时间和电压调节范围等参数，确定最优的控制策略，以满足系统对无功功率的要求并保持系统的稳定性。

此外，最优控制算法还可以考虑电力系统的经济性因素。通过综合考虑电力价格、电力市场的需求响应和契约约束等因素，制定经济性最优的无功功率补偿策略。例如，在电力价格较高的时段，可以通过调节补偿设备的运行模式和功率输出，降低无功功率损耗，以实现经济性最优的无功功率控制。

最优控制方法和技术可以根据具体的应用场景和目标进行选择和调整。一方面，数学优化算法是常用的方法之一，通过建立数学模型并应用优化算法，可以在考虑多个约束条件的情况下，寻找最优的无功功率调节方案。线性规划、整数规划和遗传算法等都可以用于解决这类问题。另一方面，基于智能算法的最优控制方法也得到了广泛应用。例如，人工神经网络、模糊逻辑控制和遗传算法等智能算法可以通过学习和优化来适应不同的电力系统运行状态和负荷需求，实现最优的无功功率调节。

最优控制方法还可以结合先进的通信和数据传输技术，实现实时监测和控制。通过建立通信网络和数据传输系统，实现与各个无功功率电源设备之间的实时数据交互和控制指令传输，可以实现更精确的最优控制。

第四章　电力系统调度自动化

第一节　电力系统调度自动化概述

电力系统调度自动化是利用先进的信息技术和自动化控制手段，对电力系统的运行进行实时监测、分析和控制，以实现电力系统的安全、稳定和高效运行。它的目标是提高电力系统的可靠性、经济性和运行效率，为电力供应提供可靠的保障。电力系统调度自动化的核心理论可以概括为以下几个方面。

一、电力系统调度理论

电力系统调度是指根据负荷需求、发电机组能力、输电线路容量和设备运行状态等因素，制订合理的发电计划、输电计划和负荷调度，以实现电力系统的平衡和稳定运行。调度理论涉及负荷预测、负荷均衡、电压稳定、频率控制、无功功率控制等内容，为调度自动化提供了基本原理和方法。

二、自动化控制理论

自动化控制理论是电力系统调度自动化的关键。它涉及控制系统的建模与仿真、控制策略的设计与优化、控制算法的选择与实现等方面。自动化控制理论为调度自动化系统提供了控制方法和技术，使其能够对电力系统进行实时监测、分析和控制。

三、信息技术与通信网络

信息技术与通信网络是电力系统调度自动化的基础。它涉及数据采集、数据传输、数据存储和数据处理等技术和设备。通过建立高效可靠的信息技术和通信网络，可以实现电力系统各个设备和系统之间的数据交互和信息共享，为调度自动化提供必要的数据支持和通信能力。

四、系统优化与决策支持

系统优化与决策支持是电力系统调度自动化的重要环节。它涉及电力系统的运行优化、经济性分析、风险评估、故障处理等内容。通过应用优化理论和决策支持技术，可以对电力系统进行全局调度和综合优化，使系统运行更加稳定、经济和可靠。

电力系统调度自动化的理论概述涵盖了电力系统调度理论、自动化控制理论、信息技术与通信网络以及系统优化与决策支持。这些理论为电力系统调度自动化的研究和应用提供了基础。

第二节　远方终端

在电力系统调度自动化中，远方终端是一个重要的组成部分。远方终端是指位于电力系统各个节点的智能终端设备，通过与调度中心和其他终端设备进行通信，实现数据采集、信息传输和控制命令执行等功能。

一、远方终端的功能

远方终端具备以下主要功能。

（1）数据采集与监测。远方终端可以采集各个节点的电力系统参数和状态数据，如电压、电流、频率、功率因数等，以及设备的运行状态和告警信息。通过实时监测和数据采集，远方终端能够获取电力系统的运行情况，为调度中心提供实时的数据支持和监测能力。

（2）通信与数据传输。远方终端通过与调度中心和其他终端设备之间的通信网络，实现数据的传输和信息交换。它可以与调度中心进行双向通信，传送实时数据、运行状态和告警信息等。同时，远方终端还可以与其他终端设备进行通信，实现数据共享和协同控制，提高系统的运行效率和协调能力。

（3）控制与调度执行。远方终端具备执行调度中心下达的控制命令和调度指令的能力。根据调度中心的指令，远方终端可以对节点上的设备进行远程控制和调节，如开关操作、设备调节和无功功率控制等。远方终端能够实时响应调度指令，并执行相应的控制操作，以实现电力系统的运行调度。

（4）故障监测与处理。远方终端可以对电力系统的故障和异常情况进行监测和处理。它能够实时监测节点上的设备故障、短路、过电流等异常情况，并通过告警信息传递给调度中心和相关人员，以便及时采取措施进行处理和修复。

远方终端的应用可以大大提高电力系统调度自动化的效率和可靠性。通过远方终端的数据采集和监测能力，调度中心能够获取电力系统的实时状态和运行情况，为决策和调度提供准确的数据支持。同时，远方终端的通信和控制能力使得调度中心能够远程操作和控制电力系统的设备，实现远程调度和远程控制的目标。

二、远方终端的硬件和软件

（一）硬件部分

远方终端通常包括数据采集单元、通信模块、控制单元和电源等组成。数据采集单元用于采集电气参数和状态信息，通信模块用于与调度中心和其他终端设备进行通信，控制单元用于执行控制命令和调度指令，电源提供终端设备所需的电力供应。

（1）数据采集单元。数据采集单元是远方终端的核心组件，用于采集电力系统各个节点的电气参数和状态信息。它包括传感器、信号调理电路和模数转换器。传感器负责将电气参数（如电压和电流）转换为相应的电信号。信号调理电路对采集到的电信号进行放大、滤波和线性化处理，以确保采集到的数据准确可靠。模数转换器将经过处理的模拟信号转换为数字信号，供远方终端进行处理、传输和存储。

（2）通信模块。通信模块是远方终端与调度中心和其他终端设备进行通信的关键部分。它负责建立与调度中心的通信连接，以及与其他远方终端设备的数据传输和信息交换。通信模块通常采用各种通信协议和技术，如以太网、无线通信、光纤通信等，以实现高速、可靠的数据传输。通过通信模块，远方终端可以发送实时数据、运行状态和告警信息给调度中心，并接收调度指令和控制命令。

（3）控制单元。控制单元是远方终端的核心执行部分，负责执行调度中心下达的控制命令和调度指令。它接收来自调度中心的指令，通过接口与设备进行连接，并对设备进行远程控制和调节。控制单元包括处理器、存储器、输入输出接口等组件，通过运行预先设定的控制算法和程序，实现对设备的控制操作。通过控制单元，远方终端可以实时响应调度指令，对设备进行开关操作、参数调节和无功功率控制等操作。

（4）电源。电源是远方终端的供电设备，为终端提供所需的电力供应。它可以是交流电源或直流电源，根据实际需求和场景进行选择。电源保证远方终端的正常运行和稳定性，同时也提供备用电源或 UPS 系统，以防止电力中断时影响终端的运行。

（二）软件部分

远方终端的软件包括数据采集和监测程序、通信协议和接口、控制和调度算法、故障检测和告警处理等。这些软件模块实现了远方终端的功能和任务。

（1）数据采集和监测程序。数据采集和监测程序负责控制数据采集单元，获取电力系统各个节点的电气参数和状态数据。它通过配置采样频率、选择采集的参数等，实现对数据采集单元的控制。采集的数据经过处理和校验，然后传递给其他模块进行进一步的处理和传输。此外，数据采集和监测程序还负责实时监测设备的运行状态，检测故障和异常情况，并触发相应的告警处理流程。

（2）通信协议和接口。远方终端与调度中心和其他终端设备之间的通信依赖于通信协议和接口。通信协议定义了数据的格式、传输方式和通信规则，确保数据在通信过程中的可靠传输和正确解析。通信接口负责与通信模块进行交互，实现数据的发送和接收。远方终端的软件需要支持各种通信协议和接口，如 IEC 60870-5-101、IEC 60870-5-104、DNP3、Modbus 等，以实现与调度中心和其他终端设备的无缝通信。

（3）控制和调度算法。控制和调度算法是远方终端的关键部分，用于执行调度中心下达的控制命令和调度指令。这些算法基于电力系统调度理论和自动化控制理论，根据实时数据和系统状态进行分析和决策，生成相应的控制策略和调度方案。控制和调度算法包括功率调节算法、负荷均衡算法、无功功率控制算法、频率控制算法等，以实现电力系统的稳定运行和优化调度。

（4）故障检测和告警处理。远方终端的软件需要具备故障检测和告警处理的功能。故障检测模块实时监测电力系统的设备状态和参数，检测故障、短路、过电流等异常情况。一旦发现故障，它会触发告警处理流程，生成相应的告警信息，并通过通信模块将告警信息发送给调度中心和相关人员。告警处理模块负责接收、记录和处理告警信息，包括分类、优先级处理和通知相关人员，确保及时采取措施进行故障处理和修复。

（5）数据处理和分析。远方终端的软件还包括数据处理和分析模块，用于对采集到的数据进行处理、分析和计算。这些模块可以根据需要进行数据滤波、平滑、插值等预处理操作，提取关键特征和指标，生成统计报表和趋势分析，以支持调度中心的决策和运行优化。数据处理和分析模块还可以与其他模块进行数据交互，实现综合的运行监测和分析功能。

（6）配置和管理。远方终端的软件还包括配置和管理模块，用于对终端设备进行配置、参数设置和管理。这些模块提供用户界面和交互方式，使得调度员或维护人员可以对远方终端进行设备识别、参数调整、软件升级等操作。配置和管理模块还可以存储和管理设备信息、通信配置、用户权限等数据，以确保远方终端的正常运行和安全管理。

远方终端的软件模块紧密配合，相互协同工作，实现了远方终端的各项功能和任务。它们通过与硬件部分的协作，确保远方终端在电力系统调度自动化中的可靠运行和高效性能。

（三）遥测信号采样电路

遥测信号采样电路用于采集电力系统节点的电气参数，如电压和电流。它通常包括传感器、信号调理电路和模数转换器。传感器将电气参数转换为电信号，信号调理电路对信号进行放大、滤波和线性化处理，模数转换器将模拟信号转换为数字信号，供远方终端进行处理和传输。遥测信号采样电路通常由以下几个主要组件组成。

（1）传感器。传感器是用于测量电力系统节点电气参数的装置。对于电压测量，常用的传感器是电压互感器或电压传感器；对于电流测量，常用的传感器是电流互感器或电流传感器。这些传感器能够将电气参数转换为相应的模拟电信号。

（2）信号调理电路。信号调理电路对传感器输出的模拟信号进行放大、滤波和线性化处理。放大器用于增加信号的幅度，以便提高测量的精度和准确性。滤波器则用于去除噪声和干扰，以保证采集到的信号质量良好。线性化电路用于将非线性的传感器输出信号转换为线性关系，以便后续的数学计算和处理。

（3）模数转换器（ADC）。模数转换器将模拟信号转换为数字信号，以便远方终端进行数字信号处理和传输。模数转换器将连续的模拟信号按照一定的采样频率进行采样，并将每个采样点的幅度转换为相应的数字值。这样，原始的模拟信号就被转换为离散的数字信号，可以通过数字方式进行处理和传输。

遥测信号采样电路的设计和性能对于准确获取电力系统节点的电气参数非常关键。合理选择传感器和信号调理电路，并根据要求进行放大、滤波和线性化处理，可以确保采集到的信号具有高精度和可靠性。同时，选择适合的模数转换器并设置合适的采样频率和分辨率，可以保证数字信号的准确性和可用性。这样，遥测信号采样电路能够提供准确的电气参数数据，为远方终端的数据处理和系统运行提供可靠的基础。

第三节　数据通信的通信规约

在电力系统调度自动化中，数据通信是实现信息交换和控制命令传输的关键环节。为了确保数据的可靠传输和正确解析，通信规约（Communication Protocol）被广泛应用于电力系统调度自动化中的数据通信。

通信规约定义了数据的格式、传输方式和通信规则，确保通信的可靠性、一致性和安全性。它规定了数据包的结构、标识和解析方法，定义了通信双方之间的通信流程和通信协议。通信规约还规定了数据传输的速率、错误检测和纠错机制，以及数据加密和安全认证等内容，保障数据的完整性和保密性。在电力系统调度自动化中，常用的通信规约包括以下几种。

一、IEC 60870-5-101

这是国际电工委员会（International Electrotechnical Commission，简称IEC）制定的一种通信规约。它适用于传统的串行通信方式，定义了电力系统监控与控制系统（SCADA）之间的通信协议，支持点对点和点对多点的通信连接。

二、IEC 60870-5-104

这是 IEC 制定的另一种通信规约，是基于 TCP/IP 网络的通信规约。相较于 IEC 60870-5-101，IEC 60870-5-104 具有更高的通信速率和可靠性，支持面向连接的通信和数据分组的传输。

三、DNP3（Distributed Network Protocol）

DNP3 是一种通用的、面向对象的通信协议，广泛应用于电力系统的远程监控与控制。它具有高度的灵活性和可扩展性，支持多种数据传输方式，包括串行通信、局域网和广域网等。

四、Modbus

Modbus 是一种简单且广泛应用的通信规约，适用于工业自动化领域。它使用常见的串行通信方式，支持主从结构和点对点通信，具有良好的兼容性和可靠性。

除了上述常用的通信规约外，还有其他一些专用的通信规约和协议，如 IEC 61850 用于智能电网的通信，OPC（OLE for Process Control）用于工业自动化系统的通信等。

在电力系统调度自动化中，选择合适的通信规约取决于系统的需求和通信环境。通信规约的选择应考虑通信的要求、数据传输的速率和可靠性、系统的兼容性和安全性等因素，以实现高效、可靠和安全的数据通信。

第四节 调度中心的计算机系统

在电力系统调度自动化中，调度中心的计算机系统扮演着核心角色。它是集中管理和控制电力系统运行的关键设备，用于实现对电力系统的实时监测、运行计划、调度指令下达和故障处理等功能。调度中心的计算机系统通常由以下几个组成部分构成。

一、主机服务器

主机服务器是调度中心计算机系统的核心组件，它在电力系统调度自动化中扮演着重要的角色。作为存储和处理数据的中心节点，主机服务器具备高性能的处理能力和大容量的存储空间，以满足电力系统调度中对实时数据、监测数据和历史数据的存储和处理需求。主机服务器的主要功能包括以下几个方面。

（1）数据存储与管理。主机服务器通过存储设备（如硬盘阵列）提供大容量的数据存储空间，用于保存电力系统的运行数据、监测数据和历史数据等。这些数据包括各个节点的电气参数、设备状态、负荷信息、告警记录等。主机服务器利用高效的数据管理技术，如数据库管理系统（DBMS），将数据进行组织、索引和存储，以支持快速的数据访问和查询。

（2）数据处理与分析。主机服务器具备强大的数据处理和分析能力，能够对存储的数据进行实时处理和离线分析。它通过运行各种算法和模型，对电力系统的运行数据进行统计、计算、预测和优化等操作。这些处理和分析结果可为调度员提供实时的运行状态、负荷预测、故障诊断和调度决策支持。

（3）数据交互与共享。主机服务器通过网络连接与其他计算机系统、终端设备和调度员工作站等进行数据交互和共享。它能够接收来自数据采集系统、遥测设备和遥信设备等的实时数据，并将处理后的数据发送给相关方进行展示、分析和控制。主机服务器还支持调度员工作站与其他计算机系统之间的数据交互，以实现调度员的远程访问和协同工作。

（4）数据安全与备份。主机服务器需要采取一系列安全措施，以确保数据的安全性和完整性。这包括实施访问控制机制，限制对数据的访问权限；进行数据加密和防火墙保护，防止数据的非法访问和攻击；以及定期进行数据备份和灾难恢复，以应对系统故障或数据丢失的情况。

（5）系统监控与维护。主机服务器需要进行系统监控和维护，以确保其稳定运行和高可用性。这包括实时监测服务器的运行状态、资源利用率和网络连接状况；进行故障诊断和性能优化，及时发现和解决系统问题；进行系统更新和维护，以保持系统的稳定性和安全性。

（6）容错与冗余。为了提高系统的可靠性和容错能力，主机服务器通常采用冗余配置。这包括冗余电源供应、冗余存储设备和冗余网络连接等。在主机服务器出现故障或部分组件失效时，冗余配置可以自动切换，确保系统的连续性和可用性。

（7）远程访问与管理。主机服务器支持调度员远程访问和管理，使其可以通过安全的远程连接方式监控和操作系统。这样，调度员可以在任何位置远程访问主机服务器，实时查看电力系统的运行状态、处理告警和故障，并进行必要的调度和控制操作。

二、数据采集与监测系统

数据采集与监测系统在电力系统调度自动化中扮演着重要的角色，它负责从电力系统的各个节点采集电气参数、状态数据和告警信息。这些数据对于调度中心进行实时监测、运行决策和故障处理具有关键意义。数据采集与监测系统由多个设备和传感器组成，包括遥测设备、遥信设备和故障监测设备等。

（1）遥测设备。遥测设备用于采集电力系统各个节点的电气参数数据，如电压、电流、频率、功率因数等。这些设备通过传感器将实际的物理量转换为电信号，并通过信号调理电路进行放大、滤波和线性化处理，然后将处理后的信号传输给数据采集与监测系统。遥测设备的准确性和稳定性对于获取真实可靠的电气参数数据至关重要。

（2）遥信设备。遥信设备用于采集电力系统各个节点的状态数据和告警信息。它通过检测开关状态、故障信号和告警信号等，实时监测设备的运行状态和异常情况。遥信设备通常采用开关量传感器或状态检测器进行数据采集，将开关状态和告警信号等信息转换为数字信号，并传输给数据采集与监测系统。遥信设备的准确性和灵敏度对于故障检测和告警处理至关重要。

（3）故障监测设备。故障监测设备用于实时监测电力系统的故障情况，包括设备故障、短路、过电流等异常情况。它通过传感器和监测装置对电力系统进行故障检测和故障定位，将故障信息传输给数据采集与监测系统。故障监测设备具备高灵敏度和快速响应的特点，能够及时检测和报告电力系统的故障情况，为调度中心提供及时的故障处理和修复指导。

数据采集与监测系统通过与主机服务器相连，将采集到的数据传输给主机服务器进行存储和处理。这样，调度中心就可以实时获取电力系统的实时运行数据、设备状态和告警信息，为运行决策和故障处理提供准确可靠的数据支持。数据采集与监测系统的准确性、可靠性和实时性对于电力系统调度自动化至关重要。

三、通信网络

在电力系统调度自动化中，通信网络是调度中心与电力系统各个节点、其他调度中心和终端设备之间实现数据交换和通信的关键基础设施。通信网络承担着实时数据传输、控制命令传递和信息交换的重要任务，直接影响着调度中心对电力系统的监控、控制和调度能力。通信网络在电力系统调度自动化中需要具备以下特点。

（1）网络拓扑和架构。通信网络的拓扑和架构应根据电力系统的规模和需求进行设计。通常采用分布式、多级或层次化结构，包括核心网络、区域网络和终端网络等。核心网络用于连接不同的调度中心和主要节点，区域网络用于连接各个区域的子系统，终端网络用于连接终端设备和采集点。

（2）带宽和传输速率。通信网络需要具备足够的带宽和传输速率，以满足电力系统调度中对实时数据传输的需求。电力系统中的实时数据量庞大，包括节点电气参数、状态信息和告警数据等，需要通过网络快速传输。高带宽和快速传输速率可以确保数据的及时性和准确性。

（3）低延迟和实时性。通信网络应具备低延迟和高实时性的特点，以确保数据的即时传输和响应。在电力系统调度中，数据的实时性至关重要，任何延迟都可能导致信息的过时和操作的不准确。因此，通信网络需要采用低延迟的传输技术和优化策略，确保数据能够及时到达目标设备。

（4）可靠性和冗余性。通信网络需要具备高可靠性和冗余性，以应对网络故障和设备故障的情况。电力系统调度中的数据传输和控制命令必须具备高可靠性，以确保调度中心的运行和电力系统的安全。采用冗余网络结构、备份链路和故障转移机制等措施可以提高网络的可靠性和稳定性。

（5）安全性和保密性。通信网络需要具备高度的安全性和保密性，以保护数据的机密性和防止非法访问。在电力系统调度中，数据的安全性至关重要，任何未经授权的访问和攻击都可能对电力系统的运行产生严重影响。

四、控制与调度系统

控制与调度系统是电力系统调度中心计算机系统中的核心组成部分，扮演着关键的角色。它为调度员提供了一个集中管理和控制电力系统的工作环境，以确保电力系统的安全、稳定和高效运行。控制与调度系统通常由以下几个关键组件组成。

（1）调度员工作站。调度员工作站是调度员进行实时监测、运行计划和控制操作的主要界面。它提供了用户友好的图形界面，显示电力系统的实时状态、设备参数和拓扑图等信息。调度员可以通过工作站监测各个节点的电气参数、设备状态、负荷情况和告警信息，并进行实时分析和决策。

（2）调度控制台。调度控制台是调度员进行控制操作和指令下达的主要设备。它通常包括控制按钮、开关控制、调节器、指令输入等控制元素。调度员可以通过控制台对电力系统设备进行控制和调节，如开关操作、调整发电机输出功率和无功功率控制等。控制台还可以下达调度指令和运行计划，指导电力系统的运行和调度。

（3）实时监测与数据展示。控制与调度系统具备实时监测和数据展示的功能，以提供对电力系统运行状态的即时了解。它能够实时获取和显示各个节点的电气参数、负荷情况、设备状态和告警信息等数据。通过数据展示，调度员可以进行实时监测、故障诊断和趋势分析，从而及时发现问题并采取相应的措施。

（4）运行计划与调度指令。控制与调度系统支持运行计划和调度指令的制定和下达。调度员可以根据电力系统的运行需求和要求，制订运行计划和调度策略，并下达相应的指令。这包括发电机组的启停控制、负荷调节、输电线路的开关操作和故障处理等。运行计划和调度指令的下达需要考虑电力系统的稳定性、安全性和经济性。

（5）故障处理与应急响应。控制与调度系统具备故障处理和应急响应的功能。当电力系统发生故障或异常情况时，调度员可以通过系统进行故障诊断和定位，并采取相应的措施进行处理，如切换备用设备、调整电源配置或启动应急备用方案等。系统提供实时的故障信息和警报通知，以帮助调度员快速响应和解决问题，以确保电力系统的可靠运行。

（6）交互与协作。控制与调度系统支持调度员之间的交互和协作。调度员可以通过系统进行即时通信、信息共享和协同工作，以便更好地协调和管理电力系统的运行。这包括在工作站之间发送消息、共享数据和报告，并进行实时的会议和讨论。通过交互与协作功能，调度员能够更加高效的合作，提高调度中心的整体工作效率和决策质量。

（7）安全与权限管理。控制与调度系统需要具备严格的安全措施和权限管理机制，以保护电力系统的安全性和保密性。系统采用身份验证、访问控制和加密等技术，确保只有授权的人员可以访问和操作系统。此外，系统还记录和监控所有操作和事件，以便进行安全审计和追溯。

（8）可靠性与容错性。控制与调度系统需要具备高可靠性和容错性，以保证电力系统调度的连续性和可用性。系统采用冗余设备和备份策略，以防止单点故障对系统造成影响。此外，系统还应具备自动故障检测和恢复能力，以尽快恢复正常运行状态，减少对电力系统的影响。

五、数据库系统

数据库系统是调度中心计算机系统中的关键组件，用于存储和管理电力系统的运行数据、历史数据和调度记录等重要信息。它提供了可靠、高效的数据存储和检索功能，支持调度中心对电力系统的实时监测、分析和决策。

数据库系统在电力系统调度自动化中具备以下特点。

（1）数据存储和管理。数据库系统提供大容量的数据存储空间，可以存储电力系统各个节点的运行数据、监测数据、告警记录和调度记录等。它使用关系数据库管理系统（RDBMS）来组织和管理数据，使用表格、字段和关联关系等结构化的方式进行数据存储，以便于数据的快速检索和查询。

（2）数据完整性和一致性。数据库系统通过实时数据完整性约束和数据校验机制，确保存储的数据完整、准确和一致。它可以定义数据的约束条件、验证规则和触发器等，对数据进行有效性检查和约束控制，以避免数据的错误和不一致性。

（3）数据备份和恢复。数据库系统支持数据备份和恢复功能，以保障数据的安全性和可靠性。通过定期进行数据备份，可以在系统故障、数据丢失或灾难事件发生时，及时恢复数据到先前的状态。备份可以是完全备份或增量备份，以便快速恢复数据。

（4）数据查询和分析。数据库系统提供强大的查询语言和查询优化机制，以支持对存储的数据进行灵活、高效的查询和分析。调度员可以通过查询语句检索所需的数据，并进行复杂的数据分析、统计和报告生成等操作，从而获得对电力系统运行状态的深入洞察。

（5）数据安全和权限管理。数据库系统采用严格的安全措施和权限管理机制，以保护数据的安全性和机密性。它通过身份验证、访问控制和加密等技术，限制对数据的访问和操作权限。只有经授权的用户才能访问和修改数据库中的数据，确保数据的保密性和防止非法访问。

（6）数据共享和集成。数据库系统支持数据共享和集成，使不同的系统和模块能够共享和利用存储在数据库中的数据。它提供数据接口和标准化的数据交换格式，使不同的调度中心、终端设备和其他系统能够共享数据，并进行数据的集成和交互。

总而言之，数据库系统在电力系统调度自动化中是不可或缺的关键组件。它提供高效的数据存储和管理功能，支持实时数据查询和分析，为调度中心的运行决策和电力系统的安全稳定提供重要的支持。通过数据库系统，调度中心能够充分利用电力系统的数据资源，提升调度效率和决策能力，推动电力系统的优化运行。

第五节　自动发电控制

自动发电控制是电力系统调度自动化的重要组成部分，它通过自动化的方式对发电机组进行控制和调节，以满足电力系统的负荷需求和运行要求。自动发电控制系统能够实时监测电力系统的负荷变化，并根据设定的运行策略和优化算法，自动调整发电机组的输出功率和无功功率，以维持电力系统的稳定运行。

一、负荷预测和优化

负荷预测和优化是自动发电控制系统中的重要功能，它通过负荷预测模型和算法，对电力系统未来的负荷进行更加详细和准确的预测和估计。负荷预测的目标是了解电力系统未来的负荷需求，以便系统可以采取相应的措施来调整发电机组的出力和优化运行策略。

在负荷预测阶段，自动发电控制系统使用历史负荷数据、天气数据、节假日和特殊事件等多种信息作为输入，采用各种预测方法和算法进行负荷预测。常用的预测方法包括时间序列分析、回归分析、人工神经网络和机器学习等。这些方法可以利用过去的负荷数据和其他相关因素，通过建立模型来预测未来的负荷需求。

预测的准确性对于自动发电控制系统的性能至关重要。因此，系统需要不断优化和改进负荷预测模型和算法，以提高预测的精确度和可靠性。预测模型可以根据电力系统的特点进行定制化，结合实时数据和在线监测信息进行动态调整，以适应不同季节、天气和负荷变化。

在负荷预测的基础上，自动发电控制系统进行优化计算，以确定最优的发电机组出力和运行策略。优化计算的目标是在满足电力系统的负荷需求的同时，最大限度地提高发电系统的经济性和能源效益。优化算法可以考虑多个因素，包括发电成本、燃料效率、环境影响和发电机组寿命等。通过综合考虑这些因素，并考虑电力系统的运行约束和优化目标，系统可以确定最佳的发电机组出力和调度策略。

自动发电控制系统还可以结合市场环境和电力系统的运行策略，考虑电力市场的电价、负荷响应和可再生能源的利用等因素，以进一步优化发电系统的运行。通过灵活地调整发电机组出力和运行策略，系统可以在经济性和可持续性之间找到最佳平衡点。

通过负荷预测和优化功能的应用，自动发电控制系统能够提高电力系统的运行效率、降低运营成本，并支持电力系统的可持续发展。它可以适应不同负荷变化和运行环境的要求，实现对发电机组的精确控制和优化运行，为电力系统提供稳定、可靠的电力供应。

二、发电机组调度

发电机组调度是自动发电控制系统中的关键功能，它通过自动化方式对发电机组的出力和运行状态进行调度和控制，以满足电力系统的负荷需求和运行计划。

在发电机组调度过程中，自动发电控制系统需要考虑电力系统的负荷需求曲线和发电机组的特性。负荷需求曲线描述了电力系统在特定时间段内的负荷变化规律，而发电机组的特性包括最大出力、最小稳定运行出力、响应时间等。系统根据这些信息进行计算和决策，以实现负荷平衡和电力系统频率的稳定。

自动发电控制系统通过实时监测电力系统的负荷变化，获取负荷需求的实时数据。这可以通过与数据采集与监测系统的通信，获取电力系统各个节点的负荷数据。系统会不断更新负荷需求曲线，以反映电力系统的实际负荷情况。

基于负荷需求曲线和发电机组的特性，自动发电控制系统进行发电机组调度计算。它可以采用各种优化算法和调度策略，例如经济调度、最优潮流分配等，来确定最优的发电机组出力和运行状态。调度算法可以综合考虑多个因素，包括发电成本、燃料效率、发电机组寿命等，以达到经济性和能源效益的最大化。

根据调度计算的结果，自动发电控制系统下达相应的出力指令给发电机组。这可以通过与发电机组的控制系统进行通信，发送控制命令，调整发电机组的出力和运行状态。发电机组会根据指令进行相应的调整，以满足负荷需求和运行计划。

发电机组调度还需要考虑发电机组的响应时间和稳定性。当负荷需求发生突变或故障发生时，自动发电控制系统需要及时调整发电机组的出力，以保持电力系统的稳定运行。此时，系统会优先考虑发电机组的快速响应能力和稳定性，确保能够及时调整出力以满足负荷需求，同时避免对电力系统造成不利影响。

三、无功功率调节

自动发电控制系统的无功功率调节功能是电力系统调度自动化中的关键部分，它对发电机组的无功功率进行精确的控制和调节，以实现电力系统的无功功率平衡和电压稳定。无功功率调节在电力系统中具有重要意义，它能够有效地控制电压的大小和稳定性，以满足电力系统运行的要求和负荷需求。

在自动发电控制系统中，无功功率调节通常通过两种方式实现：励磁系统调节和并联无功补偿装置控制。

（一）励磁系统调节

励磁系统是发电机组中用于产生电磁场的重要组成部分，通过调节励磁电流或励磁电压来控制发电机组的无功功率输出。无功功率调节通过控制励磁电流或励磁电压的大小来调整发电机组的无功功率输出，以满足电力系统的无功功率需求。

当电力系统的无功功率需求增加时，自动发电控制系统可以通过增加励磁电流或励磁电压，提高发电机组的无功功率输出。相反，当电力系统的无功功率需求减少时，系统可以通过减小励磁电流或励磁电压，降低发电机组的无功功率输出。通过精确控制励磁系统的参数，自动发电控制系统可以实现电力系统的无功功率平衡和电压稳定。

（二）并联无功补偿装置控制

并联无功补偿装置是一种用于调节电力系统无功功率的设备，通过与发电机组并联连接，并控制其无功功率输出。无功功率调节通过控制并联无功补偿装置的参数和运行状态来调整发电机组的无功功率输出，以满足电力系统的无功功率需求。

当电力系统需要增加无功功率时，自动发电控制系统可以控制并联无功补偿装置的运行状态和输出参数，使其吸收更多的无功功率，从而降低发电机组的无功功率输出。相反，当电力系统需要减少无功功率时，系统可以调整并联无功补偿装置的运行状态和输出参数，使其释放更多的无功功率，从而增加发电机组的无功功率输出。

四、故障响应和备用机组启动

故障响应和备用机组启动是自动发电控制系统中关键的功能，它能够有效应对电力系统发生故障或异常情况的情形。

（1）故障检测和监测。自动发电控制系统通过实时监测电力系统的运行状态和设备参数，能够快速检测故障的发生。它监测发电机组的状态、电力系统的频率、电压等关键参数，并与设定的阈值进行比较，一旦参数超出范围或异常变化，系统会立即识别故障的存在。

（2）故障诊断和定位。自动发电控制系统在检测到故障后，会自动进行故障诊断和定位。它利用故障诊断算法和模型，分析故障的原因和影响，并确定故障的位置。这些算法和模型可以基于历史故障数据和电力系统拓扑图进行学习和推理，以提高故障诊断的准确性和速度。

（3）故障处理策略。自动发电控制系统预先设定了故障处理策略，根据不同类型和严重程度的故障，采取相应的措施进行处理。故障处理策略可以包括自动切换备用机组、启动事故辅助设备、调整发电机组的运行参数等。这些策略旨在确保电力系统的可靠性和连续供电，同时最小化故障对用户的影响。

（4）备用机组启动。在故障响应过程中，自动发电控制系统会自动启动备用机组，以维持电力系统的供电能力。启动备用机组的过程通常包括以下步骤：第一，检查备用机组的状态和可用性，包括燃料储备、机组健康状态等；

第二，启动备用机组的点火和运行程序，确保其能够快速投入运行；第三，调整备用机组的出力和运行参数，使其适应当前的负荷需求和系统运行状态；第四，确保备用机组与电力系统的同步和并网，以实现平稳的切换和供电过渡。

（5）重新配置发电机组运行模式。在故障发生后，自动发电控制系统会重新配置发电机组的运行模式，以确保电力系统的可靠运行和供电能力。这可能包括调整其他发电机组的出力、调整电力系统的负荷分配、重新配置电力系统的拓扑结构等。系统会根据故障类型和严重程度，选择合适的操作策略，以尽快恢复电力系统的正常运行。

（6）故障信息和报警。自动发电控制系统会实时监测和记录故障信息，并生成相应的报警和通知。这些报警可以通过电力系统的监控和调度中心、运维人员的工作站等方式进行显示和传达。同时，系统也会将故障信息和报警发送给相关人员和部门，以便及时采取适当的措施进行故障处理和修复。

（7）故障恢复和修复。一旦故障得到诊断和定位，自动发电控制系统会指导运维人员进行相应的故障恢复和修复工作。这可能包括检修故障设备、更换故障部件、修复电力系统的连接或线路等。系统会提供相关的工作指导和支持，以确保故障得到及时解决，并最小化对电力系统运行的影响。

（8）故障分析和学习。自动发电控制系统会对发生的故障进行分析和学习，以改进系统的故障诊断和处理能力。它会记录故障的发生时间、类型、原因和处理过程等信息，形成故障数据库。通过对故障数据库的分析和挖掘，系统可以发现潜在的故障模式和趋势，并提出相应的改进建议和预防措施，以提高电力系统的可靠性和故障处理效率。

总结来说，故障响应和备用机组启动它能够及时检测、诊断和处理电力系统的故障情况，确保电力系统的可靠性、连续供电和安全运行。通过自动化的故障处理策略和备用机组的启动，系统能够迅速响应故障事件，最大限度地减少故障对电力系统和用户的影响。

五、数据采集和通信

数据采集和通信是自动发电控制系统中的关键环节，它通过与各种设备和系统进行通信，实时获取电力系统的运行数据和调度指令，以支持系统的监测、分析和决策。

数据采集是指自动发电控制系统通过与数据采集与监测系统、传感器和监测设备等进行连接和通信，获取电力系统各个节点的运行数据。这些数据包括发电机组的状态参数（如电流、电压、频率等）、设备运行状态（如开关状态、电压等级等）、负荷信息（如负荷需求、负荷变化等）、告警和故障信息等。数据采集系统通过实时采集和传输数据，确保自动发电控制系统获得最新的电力系统运行数据，以便进行实时监测和分析。

数据通信是指自动发电控制系统与调度中心、终端设备和其他系统之间的通信交互。通过与调度中心的通信，自动发电控制系统可以接收调度指令、运行计划和调度策略等，以便调整发电机组的出力和运行状态。与终端设备的通信可以实现对设备状态和运行参数的远程监控和控制。与其他系统的通信可以实现数据共享和集成，使得不同的系统能够共享和利用电力系统的运行数据。

数据采集和通信的实现通常基于各种通信协议和技术，例如现场总线协议（如 Modbus、DNP3）、通用网关协议（如 IEC 61850）和互联网协议（如 TCP/IP、MQTT）。这些协议和技术可以保证数据的高效传输和安全性。同时，自动发电控制系统需要具备良好的通信接口和协议转换功能，以适应不同设备和系统的通信要求。

数据采集和通信的优势在于实现了电力系统的远程监测和控制，提高了系统的响应速度和准确性。通过实时获取电力系统的运行数据，自动发电控制系统可以进行实时监测、分析和决策，以实现电力系统的稳定运行和优化调度。同时，数据采集和通信还为电力系统的故障诊断、预测和维护提供了数据支持，帮助系统提高故障处理的效率和可靠性。

自动发电控制系统的目标是提高电力系统的可靠性、经济性和安全性。它能够优化电力系统运行，确保供需平衡，减少发电成本和能源消耗。通过自动化的方式，自动发电控制系统可以快速响应负荷变化，实现发电机组的协调调度和运行，以满足电力系统的需求。

第六节　EMS 的网络分析功能

EMS（Energy Management System）是电力系统调度自动化的核心组成部分，它提供了对电力系统的全面监控、控制和优化功能。其中，EMS 的网络分析功能是重要的功能之一，它通过对电力系统网络进行分析和建模，帮助操作人员理解和评估电力系统的运行状况，并支持系统的决策和调度。

一、网络拓扑分析

网络拓扑分析是 EMS（Energy Management System）中的关键功能之一，它涉及对电力系统的网络拓扑进行详细的分析和建模。通过建立电力系统的拓扑模型，EMS 能够准确地描述电力系统中各个设备（如变电站、输电线路、变压器等）的位置、连接方式和拓扑关系。

在网络拓扑分析中，EMS 采集和整合电力系统的拓扑数据，包括设备的物理位置、导线连接关系、开关状态等。这些数据可以通过与监测设备和传感器的连接，实时获取或通过配置文件导入。EMS 还可以根据电力系统的实际运行情况，进行拓扑的实时更新，以反映系统的实时变化，例如开关的状态变化或线路故障。通过拓扑模型，EMS 能够实现以下功能。

（一）拓扑监测

EMS 实时监测电力系统的拓扑变化，包括设备的连接状态、开关的开关状态、线路的断开或闭合等。当发生设备状态变化或线路故障时，EMS 能够及时更新拓扑模型，以保持准确的拓扑信息。这样，操作人员就可以获得电力系统的实时状态，及时了解设备的运行情况。

（二）故障定位

基于准确的拓扑模型，EMS 可以帮助操作人员快速定位电力系统中的故障位置。当发生设备故障或线路故障时，EMS 能够通过分析拓扑模型，确定故障的具体位置，例如变电站、线路段等。这为故障处理和维修提供了重要的参考和指导，有助于减少故障排查的时间和精力。

（三）负荷分析

拓扑模型还可以用于电力系统的负荷分析。通过分析拓扑模型中的负荷连接关系和设备参数，EMS 可以计算出每个设备的负荷信息，包括实际负荷、负荷变化等。这些负荷信息对于负荷调度、负荷均衡和负荷预测等方面具有重要意义，能够支持电力系统的稳定运行和优化调度。

（四）可靠性评估

基于拓扑模型，EMS 可以进行电力系统的可靠性评估。通过分析拓扑模型中的设备连接关系和潜在故障点，EMS 能够评估电力系统的脆弱性和潜在风险，识别潜在的单点故障和系统弱点。这有助于操作人员制定相应的风险管理策略，例如增加备用设备、优化设备配置或实施网络重构，以提高电力系统的可靠性和鲁棒性。

（五）运行计划和调度支持

拓扑模型为 EMS 提供了对电力系统的全面认知，使得操作人员可以进行准确的运行计划和调度。通过分析拓扑模型，EMS 能够评估不同运行模式和调度策略对电力系统拓扑的影响，包括线路负荷、设备运行状态等。这有助于制定合理的运行计划和调度方案，以确保电力系统的稳定运行和有效调度。

（六）可视化展示

EMS 通过拓扑模型，可以将电力系统的拓扑关系以图形化方式展示出来。这种可视化展示使操作人员能够直观地了解电力系统的拓扑结构和连接关系，更容易识别潜在问题和故障位置。此外，可视化展示还能够提供更直观的操作界面，方便操作人员进行拓扑修改和配置。

EMS 的网络拓扑分析功能通过建立电力系统的拓扑模型，实现对电力系统的实时监测、故障定位、负荷分析、可靠性评估和运行计划支持等功能。这使得操作人员能够更好地理解和管理电力系统的拓扑结构，以提高系统的可靠性、灵活性和经济性。

二、潮流计算

流计算是 EMS 网络分析功能中的重要组成部分，它通过对电力系统各个节点和线路进行电压、电流等参数的计算和分析，得出电力系统的潮流分布情况。潮流计算是电力系统调度和运行的基础，为操作人员提供了关键的电力系统运行信息和决策支持。

在潮流计算过程中，EMS 会收集和整合电力系统的拓扑结构、负荷需求、发电机组出力以及各个设备的参数等信息。基于这些信息，EMS 利用潮流计算算法和模型，对电力系统进行潮流分析。主要的潮流计算方法包括节点潮流计算和潮流迭代计算。

节点潮流计算是最常用的方法，它通过对电力系统各个节点的功率平衡方程进行求解，计算得出每个节点的电压和功率。这些节点包括发电机节点、负荷节点和远端节点等。潮流计算考虑了电力系统中各个设备的参数和限制条件，例如变压器变比、线路阻抗和导纳、发电机组的发电能力等，以保持电力系统的功率平衡和电压稳定。

潮流迭代计算是一种更精确的方法，它通过迭代计算来优化潮流计算结果的准确性和收敛速度。潮流迭代计算基于牛顿－拉夫逊（Newton-Raphson）方法或改进的潮流迭代方法，通过反复迭代求解节点功率平衡方程，直到达到收敛条件。这种方法考虑了电力系统的非线性特性和复杂网络结构，能够更准确地计算电力系统的潮流分布情况。

通过潮流计算，EMS 可以得到电力系统各个节点的电压、功率和电流等关键参数。这些参数反映了电力系统的运行状态和负荷分布情况，可以帮助操作人员了解电力系统的电压稳定性、潮流负荷、线路功率等情况。操作人员可以根据潮流计算结果，进行网络优化和调度决策，例如调整发电机组出力、调整变压器的变比、优化线路配置等，以实现电力系统的稳定运行和经济调度。

此外，潮流计算还可以进行静态和动态潮流计算。静态潮流计算是对电力系统的稳态运行进行分析，得出各个节点的稳态电压、功率和电流分布情况。它能够反映电力系统在正常运行条件下的潮流情况，并评估系统的电压稳定性和潮流负载情况。静态潮流计算通常用于电力系统的规划和设计阶段，以确定系统的容量和配置。

三、短路分析

短路分析是EMS网络分析功能中的关键环节，旨在评估电力系统在故障情况下的短路能力，以保障设备的安全运行和电力系统的可靠性。

（一）短路电流计算

EMS通过使用电力系统的拓扑模型和电气参数，采用数学模型和计算方法进行短路电流的计算。考虑电源、负荷、变压器、输电线路等设备的参数，以及电气连接关系，预测在不同故障情况下通过故障点的电流大小。

（二）短路电流分布分析

通过短路电流分布分析，EMS确定故障点附近各个节点的短路电流大小。这有助于确定电力系统中可能存在高短路电流区域，为设备选型和保护装置的选择提供依据。同时，短路电流分布分析也可以评估电力系统各个区域的短路能力，以指导系统规划和设备布置。

（三）故障位置确定

短路分析可帮助确定故障发生的位置。通过分析短路电流的路径和传播范围，EMS能够确定故障发生的位置。这对于准确定位故障、进行故障处理和设备保护具有重要意义。

（四）设备电流评估

短路分析可以评估电力系统中各个设备在故障时的电流受力情况。通过分析短路电流的大小、持续时间和波形等参数，EMS能够评估设备在短路故障下的电流受力情况。这有助于确定设备的额定容量和保护装置的配置，以及监测设备的运行状态。

通过准确的短路分析，操作人员能够获得关键的电流分布信息和故障位置信息，从而有效地进行故障处理和设备保护。此外，短路分析还为电力系统的规划和设备布置提供支持，以提高电力系统的可靠性和安全性。总的来说，短路分析是EMS网络分析功能中的重要环节，为电力系统的故障处理和设备保护提供必要的支持和指导。

四、稳定性分析

稳定性分析是EMS网络分析功能中的重要部分，它旨在评估电力系统在各种工况下的动态稳定性，包括电压稳定性和频率稳定性。

（一）电压稳定性分析

EMS通过模拟和计算电力系统中节点的电压变化，评估电压稳定性。在稳定性分析中，EMS考虑各种负荷变化、电源波动和故障情况下的电压响应，以确定电力系统的电压稳定裕度。这有助于操作人员了解电力系统中可能出现的电压不稳定问题，预测潜在的电压暴跌或过高问题，并采取相应的措施进行调整和优化。

（二）频率稳定性分析

EMS通过模拟和计算电力系统中发电机组的频率变化，评估频率稳定性。在稳定性分析中，EMS考虑负荷变化、电源波动和故障情况下的频率响应，以确定电力系统的频率稳定性。这有助于操作人员了解电力系统中可能出现的频率不稳定问题，预测潜在的频率偏离问题，并采取相应的措施进行调整和优化。

（三）稳定限制分析

EMS通过模拟和计算电力系统中各种设备（如发电机组、变压器、补偿装置等）的功率限制和操作限制，评估稳定性限制。这包括各设备的功率极限、电压极限、短路能力等。稳定限制分析可以帮助操作人员了解电力系统中可能出现的稳定性限制问题，预测潜在的设备过载或运行不稳定问题，并采取相应的措施进行调整和优化。

（四）动态响应分析

EMS通过模拟和计算电力系统在故障情况下的动态响应，评估电力系统的稳定性。在动态响应分析中，EMS考虑电力系统的惯性、控制系统的响应、设备的动态特性等因素，以确定电力系统在故障情况下的稳定性状况。这有助于操作人员了解电力系统在故障情况下的动态行为，预测潜在的不稳定振荡或失稳问题，并采取相应的措施进行调整和优化。

稳定性分析通过模拟和计算电力系统的动态响应，并与预定的稳定性指标进行比较，以确定系统是否满足稳定性要求。后果分析结果显示系统存在稳定性问题，EMS 可以提供建议和措施来改善系统的稳定性，如调整控制策略、增加补偿装置、升级设备容量等。

五、优化分析

优化分析是电力系统调度自动化中 EMS 的网络分析功能的关键部分。它旨在通过基于电力系统模型和约束条件的数学优化算法，寻找电力系统的最优运行方案，以实现经济性、能源效益和可靠性的最大化。优化分析涵盖了多个方面，包括发电机组出力调度、功率调度、电力系统配置和运行策略等。

（一）电力系统模型建立

在进行优化分析之前，需要建立准确的电力系统模型。模型可以包括电力系统的拓扑结构、设备参数、负荷特性、发电机组特性、传输线路等信息。这些信息可以通过实际测量数据、设备手册、拓扑图等途径获取。建立完善的电力系统模型是优化分析的基础，它提供了对电力系统运行状态和特性的准确描述。

（二）优化目标和约束条件设定

在进行优化分析时，需要明确优化的目标和约束条件。优化目标可以是经济性、能源效益、可靠性等方面的指标。例如，最小化发电成本、最大化能源利用效率、最小化系统损耗、最大化可再生能源利用等。约束条件包括电力系统的运行限制、设备能力限制、电压、电流、功率平衡等方面的约束。这些目标和约束条件可以根据实际情况和运行需求进行设定。

（三）优化算法选择

选择适合的优化算法对于优化分析的结果和效率至关重要。常用的优化算法包括线性规划、整数规划、非线性规划、遗传算法、粒子群算法、模拟退火算法等。不同的算法具有不同的优势和适用范围，可以根据具体情况选择合适的算法。

（四）优化分析过程

优化分析通常是一个迭代的过程。首先，根据建立的电力系统模型和设定的目标与约束条件，初始化优化算法所需的初始解。然后，通过不断调整变量和评估目标函数，优化算法逐步接近最优解。在每一次迭代过程中，优化算法会根据当前的评价情况，更新变量值，并进行下一轮迭代，直至满足终止条件。

（五）结果分析和决策支持

在优化分析完成后，EMS 会生成最优运行方案的结果。操作人员可以通过分析和解释这些结果，获得对电力系统的深入理解，并基于结果做出决策。他们可以评估不同方案的经济性、能源效益和可靠性，并选择最合适的方案实施。

在结果分析过程中，操作人员可以查看各个发电机组的出力调度情况，以及电力系统各个节点的电压、电流、功率等参数。他们可以比较不同方案之间的差异，评估每种方案对电力系统运行的影响。此外，他们还可以通过可视化界面和图表来呈现结果，使分析更加直观和易于理解。

优化分析的结果还可以为其他决策提供支持。例如，对于电力系统的扩容和改造，可以基于优化分析结果确定新设备的容量和配置。对于可再生能源的集成，可以根据优化分析结果优化能源的分配和调度。此外，优化分析还可以用于电力市场的参与和负荷侧管理，以最大化参与者的收益和优化负荷曲线。

需要注意的是，优化分析是一个复杂的过程，涉及大量的数据和计算。因此，为了提高计算效率和准确性，EMS 通常会采用并行计算、分布式计算和高性能计算等技术来支持优化分析。这些技术可以利用多台计算机和处理器资源，并提供并行计算能力，加快优化分析的速度和效率。

第五章　电力系统供配电自动化

第一节　配电管理系统概述

一、配电网的构成

配电网是电力系统中将输电网供给的电能分配给各个终端用户的电力网络。它由配电变电站和配电线路组成，通过各种电力元件实现电能的分配和传输。根据电压等级的不同，配电网可以划分为高压配电网、中压配电网和低压配电网。

配电变电站是配电网的核心组成部分，负责变换供电电压、分配电能以及对配电线路和设备进行控制和保护。配电变电站通常接收较高电压的进线电能，经过变压器降压后输出较低电压的电能供给用户。在架空配电线路上，还可以安装配电变压器来进行供电，这种变压器通常放置在电线杆上，通过简单的接线将中压电能分配给多个用户。

配电线路是将电能从配电变电站传输到终端用户的电力线路。根据电压等级的不同，配电线路可分为高压配电线路、中压配电线路和低压配电线路。高压配电线路通常用于城市或较大负荷的区域，中压配电线路用于较小规模的区域，低压配电线路则直接连接到用户的用电设备。配电线路可以采用架空线路或地下电缆进行电能传输。

配电网的结构可以分为放射式和网式两种类型。放射式结构中，电能只能通过单一路径从电源点传输到用电点；而网式结构中，电能可以通过多个路径从电源点传输到用电点。网式结构又可分为多回路式、环式和网络式三种。

总的来说，配电网起到将输电网的电能分配给用户的作用。它由配电变电站和配电线路组成，通过各种电力元件实现电能的分配和传输。配电网的电压等级划分为高压、中压和低压，具体根据不同国家的规定有所不同。配电网在实现电力供应的同时，还需要考虑供电的可靠性、经济性和能源效益，以满足用户的需求并支持电力系统的稳定运行。

二、配电网的特点

（一）点多、面广、分散

配电网作为电力系统的末端，连接着输电网和终端用户，具有点多、面广、分散的特点。

首先，配电网具有点多的特点。在城市和乡村地区，配电网通过配电变电站和配电线路将电能传输给大量的用户点。这些用户点包括家庭、商业建筑、工业企业、农业设施等各种用电设备。因此，配电网需要满足大量用户点的电能需求，并保证每个用户点能够获得稳定可靠的电力供应。

其次，配电网具有面广的特点。配电网的覆盖范围广泛，涵盖了城市、乡村以及各种用电场所。它不仅服务于城市的商业、工业和居民区，还服务于农村地区的农业生产、农村居民和农村电网。由于面广的特点，配电网需要适应不同地区的电力需求和供电方式，具备较高的灵活性和适应性。

此外，配电网具有分散的特点。相比输电网的集中式输电方式，配电网更加分散。它通过大量的配电变电站和配电线路，将电能传输到各个终端用户。由于用户分布广泛，配电网的线路长度较长，需要覆盖大面积的地理区域。因此，配电网需要建立复杂的电力设备网络，包括变电站、线路、开关设备和保护装置等，以保证电能的传输和供应的可靠性。

总的来说，配电网作为电力系统的末端，具有点多、面广、分散的特点。它需要满足大量用户点的电能需求，覆盖广泛的地理区域，并保证电能的稳定可靠传输。为了应对这些特点，配电网需要具备灵活性、可扩展性和高度可靠性，以适应不断变化的电力需求和终端用户的用电需求。

（二）配电线路、开关电器和变压器结合在一起

在配电网中，配电线路、开关电器和变压器结合在一起是其特点之一。

在输电网和高压配电网中，电力线路通常直接连接变电站和变电站之间，没有其他电力元件干扰。但在中压配电网和低压配电网中，情况略有不同。当配电线路从高压配电变电站出来后，它们经常穿过城市的街道或农村地区，并沿着街道或路边延伸。在这个过程中，配电线路会连接到一系列的电线杆或电缆井中的设备，包括变压器、断路器、跌落式熔断器等。这些设备与配电线路结合在一起，共同构成了配电线路的一部分。

这种结合在一起的特点使得配电线路与开关电器和变压器紧密联系，形成了一个相互依赖的系统。变压器在配电线路中起到降压或升压的作用，确保电能能够适应不同电压等级的用户需求。断路器用于控制和保护电路，当发生故障或需要维护时，断路器能够切断电路，保护设备和人员的安全。跌落式熔断器用于过电流保护，当电流超过设定值时，熔断器会熔断，防止过载或短路引起的损坏。

此外，这些电力元件的数量较多且分布分散，遍布在城市和农村的各个角落。它们工作在不同的环境条件下，如高温、湿度、灰尘等，因此需要具备良好的耐久性和适应不良环境的能力。

配电网的特点之一是配电线路、开关电器和变压器结合在一起。这种结合使得配电线路能够在不同电压等级的用户之间传输电能，并通过开关电器和变压器实现控制、保护和适应不同需求的功能。同时，这些设备的分散分布和工作环境的挑战也为配电网的设计、运维和维护带来一定的挑战。

三、配电自动化的意义

配电自动化系统的主要目的之一在于尽量减少停电面积和缩短停电时间，为此必须能够采集配电网上的实时数据并对其进行分析，使调度员能够随时监视网上运行情况，从而做出调度决策。此外，还要求能够在控制中心通过遥控和遥调对配电网进行操作，达到缩短故障处理时间和降低劳动强度的目的。配电自动化系统有助于配电网的潜力得到最大限度的利用，并且确保提供给用户的电能质量满足要求。因此，电力公司和用户都能从配电自动化中得到收益，例如馈线开关的远方控制，在断电并且故障检修之后，可遥控开关合闸而不需要爬杆手工操作。

（1）提高供电可靠性和稳定性。配电自动化系统能够实时监测配电网的运行状态和故障信息，快速定位故障位置，并采取相应的控制措施。通过远程遥控和遥信功能，可以快速切换电源、隔离故障部分，并恢复电力供应，从而最大限度地减少停电范围和停电时间，提高供电可靠性和稳定性。

（2）提高运维效率。配电自动化系统能够实现对配电设备和线路的远程监控和操作，减少人工巡检和操作的需要，降低运维的劳动强度和成本。操作人员可以通过控制中心对配电设备进行遥控和遥调，实现远程开关操作、调整设备参数等，从而缩短故障处理时间，提高运维效率。

（3）提升电能质量。配电自动化系统可以监测和记录电能质量参数，如电压、频率、谐波等，及时发现电能质量异常，并采取措施进行调整和修复。通过精确的监测和控制，可以确保用户获得高质量的电能供应，提升电能质量，满足用户对电力质量的要求。

（4）支持智能能源管理。配电自动化系统与其他智能能源管理系统（如能源管理系统、智能电表等）进行集成，实现数据共享和协同控制。通过集成和分析大量的实时数据，能够优化配电网的运行和负荷管理，实现能源的高效利用和节约。

（5）提供数据支持和决策依据。配电自动化系统能够实时采集、存储和分析配电网的运行数据，为电力公司和运营商提供准确的数据支持和决策依据。基于数据分析和预测，可以制定合理的运营策略、调整负荷分配、进行容量规划等，提高电力系统的运行效率和经济性。

配电自动化在提高供电可靠性、提升运维效率、优化电能质量和支持智能能源管理方面具有重要意义。通过自动化技术和系统的应用，能够实现对配电网的实时监测、远程操作和智能决策，提高电力系统的运行效率和可靠性，同时降低运维成本和人工工作强度。

四、配电自动化系统的组成

配电自动化系统是由多个组成部分和子系统组成，共同协作实现对配电网的监测、控制和管理。

（一）监测与数据采集系统

该系统负责实时监测配电网的状态和参数，包括电流、电压、频率、功率因数、电能计量等。它通常包括传感器、遥测单元、数据采集装置等设备，能够对配电设备和电能质量进行准确的数据采集和监测。

（二）通信系统

配电自动化系统中的各个设备和子系统需要进行数据交换和通信。通信系统负责实现设备之间、设备与控制中心之间的通信连接，以及与其他系统的数据交互。常用的通信技术包括以太网、无线通信、光纤通信等，确保数据的可靠传输和实时性。

（三）控制中心

控制中心是配电自动化系统的核心，负责对配电网进行监控、操作和管理。它通常由监控工作站、服务器、数据库等组成。控制中心提供友好的人机界面，显示配电网的拓扑图、实时数据、告警信息等，操作员可以通过控制中心进行实时监控和操作，包括开关控制、故障处理、调度调节等。

（四）自动化装置与保护设备

自动化装置和保护设备用于实现对配电网的自动控制和保护。自动化装置可以根据预设的规则和策略，自动进行开关操作、调节功率、优化供电方案等。保护设备则用于监测和保护配电设备，如断路器、熔断器、保护继电器等，能够在故障发生时及时切除故障部分，保护设备和人员的安全。

（五）数据处理与分析系统

数据处理与分析系统负责对采集到的数据进行处理、存储和分析，提取有价值的信息和指标。它可以通过数据挖掘、模型建立和算法分析，实现对配电网的状态评估、故障诊断、负荷预测等功能。数据处理与分析系统提供决策支持和优化建议，帮助操作人员做出准确的调度和控制决策。

（六）软件系统与应用平台

软件系统和应用平台是配电自动化系统的软件组成部分，提供各种功能模块和应用程序。

（1）SCADA 系统。SCADA（Supervisory Control And Data Acquisition）系统是配电自动化系统中常用的软件系统，用于监控和控制配电网的实时数据。SCADA 系统通过与监测设备和控制装置进行通信，实时显示和记录配电网的状态和参数，提供操作员界面和报警功能，支持远程控制和故障处理。

（2）能量管理系统（EMS）。能量管理系统是一种用于监测、分析和管理能源消耗的软件系统，可以与配电自动化系统集成，实现能源数据的采集、分析和优化。EMS 系统能够对配电网的能源使用情况进行监控和分析，提供能源管理报表、能效评估和节能建议，帮助用户实现能源管理和节能减排。

（3）配电管理系统（DMS）。配电管理系统是专门用于配电网络的管理和控制的软件系统，包括电网规划、设备管理、负荷管理、故障管理等功能。DMS 系统通过集成配电网的数据和信息，支持配电网的规划和运行管理，提供电网拓扑优化、负荷预测、故障定位等功能，帮助提高配电网的可靠性和运行效率。

（4）远动系统。远动系统是配电自动化系统中的一种应用，用于实现对配电设备的遥控和遥测。远动系统通过与开关电器、变压器等设备进行通信，实现对其操作和状态监测。远动系统可以远程实现开关的合闸和分闸，减少人工操作，提高操作的安全性和效率。

（5）告警管理系统。告警管理系统用于监测配电网的告警信息，并进行管理和处理。它可以实时接收来自各个设备和系统的告警信息，进行分类和处理，提供告警通知、告警记录和告警分析功能。告警管理系统帮助操作人员及时发现和处理配电网的异常情况，保证电力系统的安全运行。

（6）数据存储于云平台。数据存储与云平台是配电自动化系统中用于存储和管理大量数据的技术和平台。它可以将采集到的数据进行存储和备份，支持数据的快速检索和访问。同时，云平台可以提供更高级的数据分析和处理功能，支持大规模数据的处理和应用。

以上所述的组成部分并非全部，根据实际应用和需求，配电自动化系统的组成可以有所差异。然而，这些组成部分共同协作，实现对配电网的监测、控制和管理，提高电力系统的可靠性、安全性和运行效率。

第二节 馈线自动化

一、馈线自动化的主要功能

馈线自动化系统具有以下主要功能。

（1）数据采集功能。馈线自动化系统能够采集所有馈线开关的电流、电压和开关位置信号。通过实时采集和传输数据，系统可以获取馈线上各节点的运行状态和参数信息。

（2）数据处理功能。系统具备数据处理功能，当配电网络中出现馈线故障时，根据采集的信息，自动、准确地诊断故障的区段和性质，如相间故障或单相故障。同时，系统可以统计和记录各类开关动作的顺序和次数，并以图形或表格的形式显示或打印相关信息，供运行人员及时了解故障情况。

（3）控制操作功能。馈线自动化系统能够根据运行方式的需要，在正常运行过程中远程遥控投切馈线开关或线路上的其他开关，包括负荷遥控投切、空载线路投切、空载变压器投切或线路电容器投切等操作。当馈线发生故障时，系统能自动隔离故障区段，并自动恢复对非故障线路的供电，以确保电力系统的可靠供电。

（4）报表功能。系统具备报表生成功能，能自动生成各种表格。用户可以自定义表格的形式和大小，并进行定时打印或随时打印。这些报表可以包括故障记录、开关动作统计、设备运行状态等信息，方便进行数据分析和备查。

（5）事故告警功能。馈线自动化系统能够监测遥测量的越限情况、设备运行异常、保护和开关动作，并发出声音或光信号的告警。同时，系统会记录、打印和归档备查相关的告警信息，以便进行故障分析和处理。

（6）图形功能。用户可以使用系统提供的图形编辑工具，自行编辑和绘制各种图表。系统支持多窗口的画面显示，具有平移、滚动、缩放、漫游和自动整理等功能，使用户可以方便地查看和分析配电网的图形信息。

（7）数据库管理功能。系统具备数据库管理功能，用户可以使用数据库管理软件对数据库进行创建、删除、修改、读写、检索和显示。通过数据库管理软件，可以确保配电网自动化系统内各工作站数据的一致性和统一性。

（8）对时功能。为保证全网时钟的统一，馈线自动化系统会确保主机、RTU 和 FTU 的时钟保持一致。系统会通过时间同步机制来保持各个组件之间的时钟一致性。

二、自动重合器

（一）重合器的功能

重合器（recloser）是一种具备控制和保护功能的开关设备，其功能涵盖了故障检测、开断和重合操作、自动复位或闭锁、动作特性调整和优化等多个方面。

（1）故障检测。重合器能够通过检测配电网上的电流和电压来监测故障情况。一旦检测到故障电流超过设定值，重合器将触发跳闸操作，切断故障电流的传输。

（2）开断和重合操作。重合器按照预设的开断和重合顺序自动进行开断和重合操作。当发生故障时，重合器会进行一系列的开合操作，试图恢复正常供电。根据设定的动作顺序，重合器可以进行多次合闸和分闸循环操作。

（3）自动复位或闭锁。重合器在开断和重合操作完成后，会自动复位或闭锁。如果重合操作成功，重合器将恢复到预设状态，并准备处理下一次故障。如果重合操作失败，则重合器会保持在断开状态，只能通过手动复位才能解除闭锁。

（4）动作特性调整和优化。重合器具备动作特性的调整功能，包括反时限、双时性和瞬动特性等。根据保护配合的需要，重合器的开断时间可以根据故障电流选择不同的时延和安秒特性曲线。

（5）节省投资和减少停电范围。在配电网中使用重合器可以节省变电站的综合投资。重合器的装设在变电所的构架和线路杆塔上，无须附加控制和操纵装置，因此可以减少基建面积和土建费用。同时，重合器与分段器、熔断器等配合使用，可以有效隔离发生故障的线路，缩小停电范围。

（6）提高操作自动化程度和维修便利性。重合器具备自动化操作功能，可以按照预先设定的程序自动操作。此外，配备远动附件的重合器可以接收遥控信号，适用于变电所的集中控制和远程控制，提高了变电所的自动化程度。重合器的使用还可以减少维修工作量，因为它通常采用 SF6 和真空作为介质，在使用期间一般不需要保养和检修。

重合器在配电系统中发挥着重要的作用，通过其控制和保护功能，可以检测和识别故障，进行开断和重合操作，并根据预设的动作顺序和特性进行循环操作，以恢复供电和隔离故障。它的自动复位或闭锁功能确保系统的安全和可靠运行。重合器的使用可以节省投资和减少停电范围，提高操作的自动化程度和维修的便利性，为配电系统提供更高的可靠性和效率。

（二）重合器的分类

重合器根据不同的分类标准可以分为多种类型。

1. 按绝缘介质和灭弧介质分类

（1）油浸重合器。使用油作为绝缘介质和灭弧介质，通常用于较低电压的配电系统。

（2）真空重合器。使用真空作为绝缘介质和灭弧介质，具有快速的灭弧能力和较高的开断能力，适用于中低压配电系统。

（3）SF6 重合器。使用 SF6 气体作为绝缘介质和灭弧介质，具有优异的绝缘性能和灭弧能力，广泛应用于中高压配电系统。

2. 按控制装置分类

（1）电子控制重合器。采用电子控制装置，如分立元件控制电路、集成电路控制电路、微处理机控制电路，具有精确地控制和保护功能，可实现自动化操作和故障诊断。

（2）液压控制重合器。采用液压控制装置，通过液压系统实现开断和重合操作，适用于一些特殊环境和工况下的配电系统。

（3）电子液压混合控制重合器。采用电子和液压相结合的控制装置，兼具电子控制和液压控制的优势，可实现精确的操作和保护功能。

3. 按相数分类

（1）单相重合器。用于单相配电系统，一次只处理单相电流。

（2）三相重合器。用于三相配电系统，同时处理三相电流。

4. 按安装方式分类

（1）柱上重合器。安装在配电线路的柱上，常见于城市和工业区域的配电系统。

（2）地面重合器。安装在地面上，常见于农村和郊区的配电系统。

（3）地下重合器。安装在地下，常见于地下电缆配电系统。

以上是重合器的一些常见分类，不同类型的重合器在不同场景和电力系统中有各自的适用性和特点。根据具体的需求和工程要求，选择合适的重合器类型可以确保系统的可靠运行和保护。

三、分段器

分段器（sectionalizer）是一种用于隔离故障线路区段的开关设备，与电源侧前级开关配合使用。它能在失压或无电流的情况下自动进行分闸操作，并在预定次数的分合操作后闭锁于分闸状态。分段器的主要功能是实现对故障线路区段的隔离，防止故障扩大影响整个电力系统。

（一）分段器的工作原理

分段器通过与电源侧前级开关配合工作，当电流消失或电压失压时，分段器会自动进行分闸操作。当发生永久性故障时，分段器会在预定次数的分合操作后闭锁于分闸状态，从而隔离故障线路区段。

（1）监测电流和电压。分段器通过监测电流和电压来判断电源线路的状态。它通常与电源侧前级开关配合使用，可以检测电流是否存在以及电压是否正常。

（2）分合操作。当电流消失或电压失压时，分段器会自动进行分闸操作，即打开断路器将故障区段与电源侧隔离。

（3）分合次数控制。分段器具有预设的分合次数控制功能。在发生永久性故障时，分段器会进行预定次数的分合操作。每次分合操作后，它会记录已经执行的分合次数，并继续执行下一次分合操作。

（4）闭锁功能。当分段器完成预定次数的分合操作后，如果故障仍未得到切除，分段器将闭锁在分闸状态，即保持打开状态，以隔离故障线路区段。闭锁功能可以防止分段器无限循环分合，保护线路免受重复故障的影响。

（5）故障恢复准备。如果故障在分段器完成预定次数的分合操作之前被其他设备切除，分段器将保持在合闸状态，并在一段延时后恢复到预先的整定状态，为下一次故障做好准备。

分段器通过监测电流和电压，自动进行分闸操作来隔离故障线路区段。它具有分合次数控制和闭锁功能，能够限制分合次数并防止无限循环操作。在故障被切除或恢复之后，分段器将恢复到预设状态，为下一次故障做好准备。这样的工作原理使得分段器能够提高配电系统的可靠性和稳定性。

（二）分段器的工作状态

分段器可以设定为一次、二次或三次计数状态，这取决于设备的设计和要求。在设定的分合操作次数内，分段器会根据故障情况进行分合操作。如果故障被其他设备切除而未达到预定次数，则分段器将保持在合闸状态，并在一段延时后恢复到预先的整定状态，为下一次故障做好准备。

（1）分闸状态。当电流消失或电压失压时，分段器会自动进行分闸操作，即打开断路器将故障区段与电源侧隔离。分段器保持在分闸状态时，电流无法通过该设备流过。

（2）合闸状态。在正常运行状态下，分段器保持在合闸状态，即断路器关闭，使电流得以正常通过设备。合闸状态表示分段器对故障的隔离已经解除，线路得到恢复供电。

（3）闭锁状态。当分段器完成预定次数的分合操作后，如果故障仍未得到切除，分段器将闭锁在分闸状态，即保持打开状态，以隔离故障线路区段。闭锁状态下，分段器不会再次进行分合操作，直到人工复位或特定条件满足才能解除闭锁。

（4）恢复状态。如果故障在分段器完成预定次数的分合操作之前被其他设备切除，分段器将保持在合闸状态，并在一段延时后恢复到预先的整定状态，为下一次故障做好准备。恢复状态表示分段器已经完成一次分合操作周期，并处于正常工作状态。

分段器的工作状态取决于故障情况、预设的分合操作次数以及其他设备的切除操作。它通过自动分合操作来隔离故障线路区段，并具有闭锁和恢复功能，以保证配电系统的稳定运行。

（三）分段器的特性

分段器一般不能断开短路电流。它可以被安装在重合器之后或重合器和熔断器之间。分段器主要用于检测超过指定电流水平的电流，不具有时延特性。分段器所累积的计数值会在一段时间后自动清除，为下次动作做好准备。

（1）不能断开短路电流。分段器一般无法在短路情况下进行断开操作。其主要功能是隔离故障区段，而不是切断短路电流。

（2）安装位置。分段器可以安装在重合器之后或重合器与熔断器之间，根据具体的配电系统需求和设计来确定最佳位置。

（3）电流检测。分段器主要用于检测超过预设电流水平的电流。它能够感知电流的存在或消失，并触发相应的分合操作。

（4）无时延特性。分段器通常没有显著的时延特性。它能够快速响应电流的变化，并进行分合操作。

（5）计数值自动清除。分段器所累计的计数值会在一段时间后自动清除，为下次动作做好准备。这样可以确保分段器在每次操作时都处于准备状态。

（6）故障检测继电器。分段器关键的组成部分是故障检测继电器（FDR），它根据故障类型和判断条件来实现分合操作。

（7）电压－时间型分段器。根据电压加压和失压的时间长短来控制分合操作。分段器根据加压和失压的时延来判断是否进行分合操作。

（8）应用范围。分段器广泛应用于配电系统中，特别是中压和低压配电网。它能够快速隔离故障区段，恢复供电，并确保系统的稳定运行。

总的来说，分段器具有快速响应、自动清除计数值、可靠的故障检测和隔离能力等特点，是配电系统中重要的保护设备之一。

（四）分段器的优点

分段器具有以下优点。

（1）提高系统可靠性。分段器的快速隔离故障区段的能力可以减少故障对整个系统的影响范围，防止故障扩散和蔓延，提高系统的可靠性和稳定性。

（2）减少停电时间。分段器能够在故障发生时迅速切除故障区段，避免整个线路或区域的停电，从而减少停电时间，减少用户的不便和损失。

（3）简化维护工作。分段器通常不需要频繁维护，使用寿命长，减少了维护工作量和维护成本。由于其可靠性高，故障发生的概率较低，进一步减少了维护工作的需求。

（4）提高系统自动化程度。分段器可以与自动化系统集成，实现远程监控和远程操作。通过与其他设备的联动和协调，分段器能够实现自动分合操作，提高系统的自动化程度。这样可以降低人工操作的需求，提高管理效率。

（5）适应不同网络结构。分段器可根据不同的配电网络结构和需求进行灵活配置。它可以应用于辐射状网、树状网和环状网等不同类型的配电系统，适应各种复杂的电网结构。

分段器是配电系统中重要的保护设备，能够有效地保障电力供应的稳定性和可靠性。

第三节　负荷控制技术及需方用电管理

一、电力负荷控制的必要性及其经济效益

（一）电力负荷控制的必要性

电力负荷在一天中是不断变化的，存在尖峰和低谷负荷时段。为了满足尖峰负荷的需要，电力系统的发电、输电和配电设备容量必须大于尖峰负荷，而在非尖峰负荷时段，设备容量无法充分利用。这导致发电设备频繁起停运行，对设备安全和寿命不利，并增加燃料消耗。为了安全、可靠地运行电力系统，满足各部门和人民对供电的需求，同时节约电能成本和提高经济效益，需要采取负荷控制措施。

（二）电力负荷控制的经济效益

电力负荷控制在配电网调度自动控制系统中扮演重要角色，它能够根据负荷变化的特点，通过调整和控制负荷，实现电力系统的优化运行。以下是电力

负荷控制的经济效益。

（1）提高设备利用率。通过负荷控制，合理调整负荷曲线，使设备在不同负荷水平下工作，充分利用现有设备的容量。这推迟了扩建投资的需求，减少了新设备投资的成本，提高了设备的利用率。

（2）延长设备寿命。负荷控制减少了设备的频繁起停运行，降低了设备的磨损和损坏风险。设备运行更加平稳，延长了设备的使用寿命。这降低了维护和更换设备的频率，减少了运营成本。

（3）节约能源成本。通过负荷控制，在非尖峰负荷时段减少发电机组的运行，降低了燃料消耗和能源成本。这对电力工业来说具有重要意义，能够提高盈利能力，降低成本。

（4）提高供电可靠性。负荷控制可以稳定电力系统的运行方式，减少过载和故障的风险，提高了供电的可靠性。这对用户和经济活动的连续性非常重要，降低了停电带来的损失。

（5）减少用户电费支出。对用户来说，参与负荷控制系统可以在尖峰时段减少用电，从而降低电费支出。用户可以根据自身需求和奖惩机制，通过调整用电行为来节约用电成本。

电力负荷控制在提高设备利用率、延长设备寿命、节约能源成本、提高供电可靠性和降低用户电费支出等方面带来经济效益。通过合理的负荷控制，能够实现电力系统的优化运行，提高电力工业的经济效益。

二、电力负荷控制种类

电力负荷控制主要有以下两种类型。

（一）分散控制装置

分散控制装置是指在电力系统中的分布式负荷控制设备。这些设备分布在不同的负荷节点上，通过感知和控制自身节点的负荷情况，实现局部负荷的控制。分散控制装置可以根据预设的控制策略和规则，自主地调整负荷的运行状态，实现对电力负荷的局部控制和优化。这种方式下，负荷控制更加灵活、响应更加快速，适用于分布式能源和微电网等场景。

（二）远方集中负荷控制

远方集中负荷控制是指通过中央调度中心或远程监控中心对电力系统中的负荷进行集中监测和控制。中央调度中心可以通过远程通信和数据传输技术，获取各个负荷节点的实时负荷信息，并根据系统的负荷需求，制定负荷控制策略和命令，将控制指令传输到各个负荷节点进行执行。远方集中负荷控制通常应用于大型电力系统，能够实现对整个系统的负荷进行协调和调度，以达到全局的负荷优化和平衡。

这两种负荷控制方式在实际应用中常常结合使用，根据系统的规模和需求选择合适的负荷控制策略。分散控制装置能够在局部范围内实现快速的负荷控制响应，适用于分布式能源和小规模电力系统。而远方集中负荷控制则适用于大型电力系统，能够实现对整个系统的统一调度和协调，以实现全局的负荷优化和平衡。

第四节　配电图地理信息系统

配电图地理信息系统（Distribution Mapping Geographic Information System，简称 DMGIS）是将地理信息系统（Geographic Information System，简称 GIS）技术应用于配电系统的管理和运行中。DMGIS 利用 GIS 技术，将配电系统的拓扑、设备、线路、负荷等信息与地理位置相结合，通过空间数据的采集、存储、管理、分析和展示，实现对配电系统的综合管理和运行优化。DMGIS 的实际应用可以分为以下几个方面。

一、离线应用

在离线应用方面，配电图地理信息系统在设备管理、用电管理和规划设计等阶段提供了详细而全面的功能。

（一）设备管理

（1）拓扑分析。配电图地理信息系统可以对配电系统的拓扑结构进行分析和建模，包括设备之间的连接关系、线路的布局等。这有助于准确把握系统的配置和关系，方便后续的管理和维护工作。

（2）设备记录。系统可以记录每个设备的详细信息，如设备类型、位置、参数、状态等。这样，电力部门可以方便地查询和管理设备，包括设备的维护历史、维修记录等。

（二）用电管理

（1）用电统计。配电图地理信息系统可以记录用户的用电信息，包括用电量、用电方式等。这为电力部门提供了重要的数据，用于用电管理、统计分析和负荷预测等工作。

（2）用电分析。系统可以对用电数据进行分析，例如根据历史用电量和趋势预测未来的用电需求，有助于制定合理的电力供应策略和规划。

（三）规划设计

（1）空间数据支持。配电图地理信息系统提供了配电系统的空间数据，包括地理位置、地形地貌等。这对于规划和设计工作非常重要，能够更好地评估地理环境对配电系统的影响，合理规划设备的布局和线路的走向。

（2）负荷计算。系统可以进行负荷计算，根据地理位置和设备信息，预测不同区域的负荷需求。这有助于精确确定配电系统的容量和负载分配，提高系统的可靠性和效率。

通过配电图地理信息系统的离线应用，可以更好地进行设备管理、用电管理和规划设计等工作。系统提供了拓扑分析、设备记录、用电统计、负荷计算等功能，为电力部门提供了准确、全面的数据支持，有助于优化配电系统的运行和管理，提高效率和可靠性。

二、在线应用

在配电图地理信息系统的在线应用方面，它提供了实时的配电网运行状况反映和在线操作功能，以支持运维人员的工作。

（一）实时监测配电网状态

（1）线路负荷监测。配电图地理信息系统可以实时监测配电网各个线路的负荷情况，包括电流、功率、负载率等。这有助于及时发现负荷异常和过载情况，为运维人员采取相应措施提供参考。

（2）设备状态监测。系统可以实时监测配电设备的状态，包括开关状态、设备运行参数等。这使运维人员能够及时了解设备的工作情况，发现设备故障和异常，并进行及时维修和处理。

（二）在线操作和故障处理

（1）远程开关控制。配电图地理信息系统提供了远程开关控制功能，运维人员可以通过系统对配电网中的开关进行远程操作，包括合闸、分闸、重合等操作。这提供了快速响应和处理故障的能力，减少了人工操作和出动人员的需要。

（2）故障定位和诊断。系统可以根据实时监测数据和故障报警信息，帮助运维人员快速定位故障点，并进行故障诊断。这缩短了故障处理的时间，减少了停电范围和时间，提高了配电系统的可靠性和供电质量。

通过配电图地理信息系统的在线应用，运维人员可以实时监测配电网的运行状态、进行在线操作和故障处理。系统提供了实时监测线路负荷和设备状态的功能，支持远程开关控制、故障定位和诊断，以及投诉信息记录和处理。

三、在投诉电话热线中的应用

配电图地理信息系统可以与投诉电话热线系统集成，实现投诉电话的快速定位和处理，提高用户满意度和投诉处理效率。

（一）投诉信息记录与管理

配电图地理信息系统能够集成投诉电话热线系统，将接收到的投诉信息准确记录并进行管理。运维人员可以通过系统将投诉内容、投诉人信息、时间和地点等关键信息进行记录，确保信息的准确性和完整性。

（二）快速定位投诉位置

通过配电图地理信息系统，运维人员可以将投诉电话的位置信息与地理信息系统中的配电网络数据进行关联。这使投诉的具体位置能够快速被定位，并在地图上进行可视化显示。运维人员可以准确了解投诉发生的位置，为后续处理提供准确的定位依据。

（三）故障关联分析

配电图地理信息系统能够将投诉信息与配电网的实时数据进行关联分析。

通过将投诉电话中提到的具体问题与配电网的运行状态进行比对，可以快速了解是否存在相关故障或异常情况。这有助于运维人员更好地理解用户的问题，并采取相应的解决措施。

（四）投诉反馈与解决

配电图地理信息系统可以提供投诉反馈和解决的功能。一旦运维人员处理了投诉事项，可以在系统中记录相关处理措施和结果，并与用户的投诉信息进行关联。这有助于跟踪投诉处理的进展情况，提高工作效率和用户满意度。

（五）数据分析与报告生成

配电图地理信息系统能够对投诉数据进行统计和分析，生成相关的报告和图表。通过对投诉数据的分析，可以发现潜在的问题和趋势，并为配电系统的改进提供参考依据。这有助于电力公司做出合理的决策，提升服务质量和用户体验。

通过在投诉电话热线中应用配电图地理信息系统，电力公司能够快速准确地处理投诉事项，提高用户满意度和投诉处理效率。系统的投诉信息记录、定位功能、故障关联分析、投诉反馈与解决、数据分析与报告生成等功能，为运维人员提供了有力的支持和指导，实现了投诉处理的高效、准确和可追溯。

第五节　远程自动抄表系统

一、远程自动抄表系统的构成

远程自动抄表系统的构成通常包括以下组成部分。

（一）电能表

远程自动抄表系统的核心是电能表，用于实时测量和记录用户的用电量数据。电能表通常采用电子式或电子脉冲式计量装置，能够准确测量电能消耗，并将数据传输给抄表集中器。

（二）抄表集中器和抄表交换机

抄表集中器是用于接收和管理电能表数据的设备，通常安装在配电变压器或变电所等集中的位置。抄表集中器负责与电能表进行通信，并将采集到的用电数据进行存储和传输。抄表交换机则用于将集中器之间的数据进行交换和转发，实现数据的传输和汇总。

（三）电能计费中心的计算机网络

电能计费中心是远程自动抄表系统的数据处理和管理中心，其中包括计算机网络、服务器和相关软件系统。计算机网络连接抄表集中器和抄表交换机，将采集到的用电数据进行汇总、处理和存储。电能计费中心还可以进行数据分析、计费处理、生成账单和报表等相关功能。

远程自动抄表系统的构成是一个完整的系统，通过电能表、抄表集中器、抄表交换机和电能计费中心的计算机网络，实现了远程自动抄表的功能。这种系统能够准确、快速地获取用户的用电数据，并进行集中管理和处理，提高了抄表的效率和精确度，减少了人工抄表的工作量和错误率。同时，系统能够支持计费处理、账单生成和数据分析等功能，为电力公司提供了可靠的用电数据支持，促进了电力行业的管理和服务水平的提升。

二、远程自动抄表系统的典型方案

远程自动抄表系统有多种典型方案，以下是其中几种常见的方案。

（一）总线式抄表系统

总线式抄表系统采用总线通信技术，将多个电能表通过总线连接到抄表集中器。抄表集中器负责控制和管理所有连接的电能表，实现对电能表的集中抄表和数据传输。该系统具有抄表精度高、传输速度快、安装简便等特点，适用于集中布置的用户，如多层楼宇、商业综合体等。

（二）三级网络的远程自动抄表系统

该系统采用分级网络结构，包括计量点击、采集点击和数据中心级。计量点击是电能表的安装位置，采集点击是抄表集中器的安装位置，数据中心级是抄表数据的存储和处理中心。电能表通过抄表集中器连接到数据中心，实现数据的汇总和管理。该系统适用于规模较大的配电网络，能够实现分级管理和数据传输。

（三）采用无线电台的远程自动抄表系统

该系统通过无线电通信技术实现电能表数据的传输。每个电能表安装一个无线电台，通过无线电信号将用电数据发送给抄表集中器或数据中心。该系统适用于电力分布较广的区域，如乡村、农村等，能够克服传输距离远、线路敷设困难的问题。

（四）防止窃电的远程自动抄表系统

该系统在传统远程自动抄表系统的基础上增加了窃电检测和防止窃电功能。通过特殊的电能表和监测装置，系统能够实时监测用电数据，识别异常用电行为，及时报警并采取相应措施。该系统能够有效预防和打击窃电行为，提高电力供应的公平性和安全性。

这些远程自动抄表系统方案根据不同的需求和应用场景进行选择，能够实现对用户用电数据的快速、准确和安全地抄录，提高电力公司的运营效率和服务水平。

第六节　变电站综合自动化

变电站综合自动化是指利用现代信息技术、自动控制技术和通信技术，对变电站进行全面的自动化控制和监控，实现变电站运行状态的实时监测、设备的自动控制和操作、故障的快速诊断和处理等功能。它包括了变电站自动化的各个方面，如监控与数据采集、保护与控制、远动与自动化、故障诊断与处理等。变电站综合自动化的主要目标是提高变电站的运行可靠性、安全性和效率，减少人工操作和维护的工作量，提高运维的效率和响应速度。

一、监控与数据采集

变电站综合自动化的监控与数据采集是通过传感器、仪表和监控装置对变电站内各种参数进行实时监测和数据采集，以获取变电站运行状态的全面信息。这一过程涵盖了变电站各个设备和系统的监测与数据采集，包括电力设备、保护装置、控制装置、环境监测等。

在变电站中，通过安装各种传感器和仪表，可以实时监测电流、电压、功率、频率、功率因数等电气参数，以及温度、湿度、压力等环境参数。这些传感器和仪表可以直接连接到监控装置或数据采集设备上，将采集到的数据传输给监控系统。

监控装置通常是基于计算机系统的软硬件组合，通过采集设备和接口模块与传感器和仪表进行数据交互。它可以实时监测变电站内各个设备的运行状态，并将数据进行处理、分析和显示。监控装置通常具有数据存储和历史记录功能，可以对数据进行存储和查询，以便进行后续的数据分析和故障诊断。

数据采集是指将监测到的参数数据进行采集、整理和传输。采集设备通常与监控装置相连，负责将传感器和仪表采集到的数据传输给监控系统。采集设备可以通过有线或无线通信方式与监控装置进行数据传输，以实现实时监控和数据采集的功能。

通过监控与数据采集，变电站可以实时获取各个设备的运行状态和工作参数，包括电能的消耗、设备的负荷状况、环境的温度和湿度等。这些数据可以用于变电站的实时监控、设备的状态评估、负荷的优化和能源管理等方面。同时，监控与数据采集也为后续的故障诊断、预防性维护和决策支持提供了必要的数据基础。通过实时监控和数据采集，变电站能够及时发现问题、识别异常、提高设备的可靠性和安全性，从而确保变电站的正常运行和电力系统的稳定供电。

二、保护与控制

变电站综合自动化的保护与控制是通过采用现代保护装置和自动控制装置，对变电站内的设备进行保护和控制，以确保变电站设备的安全运行和电力系统的稳定运行。

保护装置是变电站中重要的组成部分，用于监测电力系统的运行状态并及时采取保护措施，以防止设备受到过电流、过压、短路等故障的损坏。采用现代保护装置，可以实现精确的保护动作，并能在故障发生时快速切除故障区域，防止故障扩大，确保设备和人员的安全。

常见的保护装置包括电流保护、过电压保护、短路保护、过负荷保护等。

电流保护用于监测电流是否超过设定值，一旦电流超过设定值，保护装置会发出信号切除故障区域。过电压保护用于监测电压是否超过设定范围，一旦发生过电压，保护装置会切断电源以保护设备。短路保护用于检测电路是否发生短路故障，及时切断故障电路，防止设备受到损坏。过负荷保护用于监测设备的负荷情况，一旦负荷超过设定值，保护装置会采取措施以保护设备。

自动控制装置用于实现变电站的自动化控制，包括对开关设备的控制、调节设备的操作、电网的调度等。自动控制装置能够根据预设的控制逻辑和策略，自动对设备进行开关操作、调整参数，实现电力系统的自动调节和控制。通过自动控制装置，变电站可以实现远程操作、自动化调度和智能化控制，提高系统的运行效率和可靠性。

综合保护与控制系统通过保护装置和自动控制装置的协同工作，对变电站的设备进行保护和控制。保护装置实时监测设备状态并采取保护动作，确保设备安全；自动控制装置实现变电站的自动化控制，提高运行效率和可靠性。这样，变电站可以实现设备的安全运行和电力系统的稳定运行。综合自动化系统通过集成保护装置和自动控制装置，实现对变电站设备的全面保护和精确控制。

三、远动与自动化

远动是指通过远程控制装置对变电站设备进行远程操作和控制。远程控制装置通过通信网络与变电站的设备进行连接，可以实现对开关、断路器、刀闸等设备的遥控操作。操作人员可以通过远程控制装置进行开关操作、合闸和分闸操作，远程调节设备参数等，而无须亲自到现场操作。远动操作不仅提高了操作的便利性，还减少了人工操作的风险和工作强度。

自动化是指通过自动化装置对变电站设备进行自动化控制和操作。自动化装置通过感知和监测变电站的各种参数，如电流、电压、频率、温度等，然后根据预设的控制逻辑和算法进行自动调节和切换操作。自动化装置可以实现设备的自动开关、负荷的自动调节和平衡、电源的自动切换等功能，以提高电力系统的运行效率和稳定性。通过自动化装置，变电站能够根据实时数据进行自动调控，及时响应系统需求和故障情况，减少人工干预，提高运行的可靠性和效率。

综合自动化中的远动与自动化相互配合，通过远程控制装置和自动化装置的协同工作，实现对变电站设备的远程操作和自动控制。远动操作提高了操作的便利性和安全性，使操作人员能够远程控制设备，降低操作风险和工作强度。自动化装置则实现了变电站设备的智能化控制和自动操作，提高了运行的效率和稳定性。这样，变电站能够实现远程操作、自动化调节和智能化控制，提高供电的可靠性、安全性和经济性。

四、故障诊断与处理

故障诊断系统通过实时监测和分析变电站设备的运行状态和参数，如电流、电压、温度等，以快速识别和定位故障。系统中的智能算法可以对采集到的数据进行实时分析和比对，通过与预设的故障模型进行匹配，判断是否发生故障，并确定故障类型和位置。

一旦故障被诊断出来，故障诊断系统会发出故障报警，通知相关人员和运维团队。同时，系统还能提供故障的定位信息，指导人员准确地找到故障点。定位信息可以通过变电站的地理信息系统（GIS）或者其他定位技术来提供，以便快速准确地进行故障处理。

故障处理包括故障隔离、设备修复或更换，以及系统的恢复和重新配置。故障诊断系统可以提供故障的详细信息和建议，帮助运维人员迅速采取正确的措施。此外，系统还可以记录和分析历史故障数据，为未来的故障预防和设备维护提供参考。

通过故障诊断与处理的自动化，变电站能够快速响应故障，并采取适当的措施进行处理。这减少了故障的影响范围和恢复时间，提高了供电的可靠性和稳定性。同时，准确的故障定位和处理也降低了运维成本和人工干预，提高了运维效率和安全性。

五、通信与网络

通过建立可靠的通信网络，可以实现变电站内部设备之间的数据传输和交换，以及与外部系统之间的连接和通信。

通信网络可以包括局域网（LAN）、广域网（WAN）以及无线通信等不同类型的网络。局域网主要用于变电站内部设备之间的通信，如监控装置、保护装置、控制装置等的数据传输和交换。通过局域网，可以实现实时监控变电站的运行状态、设备参数和报警信息，以及对设备进行远程操作和控制。

广域网则用于连接变电站与其他变电站、电力公司总部、调度中心等远程地点的通信。通过广域网，可以实现不同变电站之间的数据交换和共享，以及与上级系统的数据传输和交互。这样可以实现变电站之间的协调和协作，支持电力系统的远程监控、调度和运维。

此外，无线通信技术也在变电站综合自动化中得到广泛应用。无线通信可以用于连接设备间的数据传输，如无线传感器网络（WSN）用于实时监测设备的状态和环境参数。同时，无线通信也可以用于远程操作和控制，如使用无线遥控技术对设备进行远程开关操作。

建立稳定可靠的通信网络对于变电站综合自动化的实现至关重要。这样可以实现数据的快速传输和实时交换，支持变电站的实时监控、远程操作和故障处理。通过通信与网络的支持，变电站能够实现高效运行、减少人工干预，提高供电可靠性和运维效率。

变电站综合自动化系统的实施可以提高变电站的管理水平和运行效率，减少人为操作错误和事故的发生，同时能够实现对变电站的远程监控和管理，提高对电力系统的响应能力和可控性。这对于提升电力供应的质量、稳定性和可靠性，推动电力系统的现代化和智能化具有重要意义。

第七节　数字化变电站

一、数字化变电站概述

变电站在电压转换、电力流向控制和电压调整、电能分配方面是电力系统中不可或缺的关键环节，在电网的安全、可靠、经济运行中扮演着至关重要的角色。数字化变电站具有一次设备智能化和二次设备网络化的特点，建立在

IEC61850 标准以及相关通信技术规范的基础上，智能电气设备能够实现一体化信息共享和互操作。

（一）传统变电站的局限性

传统变电站大多数采用的是常规设备，特别是继电保护、自动化装置等采用电磁型设备，结构复杂、可靠性不高，而且自我诊断能力不强。大部分历史数据、操作记录和事件记录主要靠手工完成或用专门的记录器记录，模拟量、开关量和动作逻辑信号都是通过电缆传输，各综保装置之间存在较多的硬接线，二次回路接线复杂、可靠性不高。相关运行历史数据的记录不能满足向调度中心及时提供运行参数的要求，运行管理水平和自动化水平不高，设备维护工作量大。

（二）数字化变电站的优越性

数字化变电站具有信号采集效率高、设备利用率高、互操作性强和厂站调试简单等优点。与传统变电站相比，数字化变电站的设备使用效率更高，设备的检修次数和时间更短；设备之间互操作性更强，设备的投运时间更少，工作效率更高；信息共享化程度更高，有效降低了变电站建设初期建设成本和运行维护成本，实现了设备的智能化、通信的网络化、运行管理维护的自动化。

二、数字化变电站关键技术

数字化变电站关键技术包括 IEC61850 标准、智能断路器、组合式开关、电子式互感器技术。

（一）IEC61850 标准

IEC61850 标准是电力系统自动化领域唯一的全球通用标准。实现了智能变电站的工程设计、运作标准化，让工程实施变得规范、统一和透明。在工程师实施过程中，不同的系统集成商建立的智能变电站工程都可以通过 SCD（系统配置）文件了解整个变电站的结构和布局，对智能变电站的发展起到极大的推动作用，对整体提高变电站技术水平具有重大意义。

（二）智能断路器

智能断路器是通过微电子、微机技术和新型传感器组建的断路器二次操作系统。智能断路器执行单元由数字化控制装置组成，没有了常规断路器的辅助开关节点和继电器。通过传感器与数字化控制装置，实时采集运行数据，监测设备缺陷和故障，根据检测到的不同故障电流，提前采取预防措施。智能断路器是在传统断路器的基础上加入了智能控制单元，它由数据采集、智能识别和调节装置 3 个基本模块组成。智能断路器的技术发展趋势表现为：新型传感器更灵敏、更小型化；总线技术应用于智能断路器，现场设备与主控制器之间依托串行通信方式实现进行双向通信，信息的传输量和传输精度得到大幅提升。

（三）组合式开关

封闭式组合电器 GIS（气体绝缘金属封闭开关设备）是将互感器、避雷器、隔离开关和接地开关、断路器放在一个充 SF6 气体的罐内。如果将它们有机地组合，就成为紧凑型组合式开关设备。紧凑型组合式开关设备，极大地减少了气罐的数量，也减少了密封部位和密封长度，缩小了设备体积，可大大节省变电站的占地面积，简化了设备整体运输及安装工序，降低了维护成本。

组合式开关设备综合先进的 GIS 技术和电力电子技术，简化了变电站的开关运行方式，提高了可靠性和降低了维护性，占地面积和投资减少，提高了建设速度，进一步推动了变电站数字化发展。

（四）电子式互感器技术

传统的电磁式互感器由于存在磁饱和、铁磁谐振、测量范围小、质量大、体积大、绝缘结构复杂等诸多缺点，不能满足数字化变电发展要求。变电站电子式互感器传感机理先进，设备绝缘简单，频率响应宽，精度高，满足电力系统网络化、信息化、数字化发展方向，克服传统互感器局限性，是数字化变电站的主要关键技术之一。

电子式互感器由传感模块和合并单元两部分组成。传感模块又称远端模块，安装在电力系统一侧，负责采集一次电压、电流并将其转换成数字信号。合并单元安装在二次侧，负责对各相远端模块传来的信号做同步合并处理。电子式互感器合并单元可汇集 12 路采样数据，每个数据通道为不同采样测量值的数据。合并单元主要功能包括多路数据采集处理功能、同步功能、串口发送功能。数字输出的电子式互感器通过合并单元直接向二次设备提供信号，简化变电站二次接线。互感器传感模块模型有罗氏线圈、阻容分压、普克尔斯效应、法拉第磁旋光效应等。考虑到电磁式传感模块具有长期稳定的运行经验，

110 kV 岚角山变电站互感器传感模块仍采用电磁式原理，通过合并单元收集传感模块采集信号通过光纤传输到变电站控制平台。

第八节 配电网故障诊断与定位

配电网故障诊断与定位是电力系统供配电自动化中的重要环节。它通过应用现代的监测设备、智能算法和通信网络，对配电网中发生的故障进行实时监测、诊断和定位，以实现故障的快速处理和恢复供电。

在配电网中，故障可能包括线路短路、设备故障、电压异常等情况。故障诊断与定位的目标是准确判断故障的类型和位置，以便迅速采取适当的措施进行修复。

一、故障诊断算法

通过应用故障诊断算法，对采集到的数据进行处理和分析。这些算法可以基于规则、模式识别、人工智能等技术，根据数据特征判断故障类型。

（一）基于规则的故障诊断算法

这种算法基于预定义的规则集，通过逻辑推理和规则匹配来判断故障类型。规则可以是基于专家经验的，也可以是根据历史数据和统计分析得出的。例如，当电流超过设定阈值时，触发过电流故障的判断规则。

（二）模式识别算法

这种算法通过建立故障模式和正常模式的模型，对数据进行比较和匹配，来判断故障类型。模式可以基于机器学习算法和统计方法构建，通过对已知故障和正常数据进行训练来建立模型。当新的数据与模型匹配度较低时，可以判断为故障。常见的模式识别算法包括神经网络、支持向量机、决策树等。

（三）基于人工智能的故障诊断算法

这种算法利用人工智能技术，如模糊逻辑、遗传算法、专家系统等，对数据进行处理和分析，以实现故障诊断。这些算法可以模拟人类专家的决策过程，并结合数据和知识来进行故障判断。例如，基于专家系统的故障诊断算法可以通过规则库和推理引擎来判断故障类型。

（四）数据驱动的故障诊断算法

这种算法利用大数据分析和机器学习技术，对大量的历史数据进行训练和分析，从中学习故障模式和关联规律。通过挖掘数据中的模式和趋势，可以判断当前数据是否符合故障模式，从而实现故障诊断。这种算法可以自动学习和适应不同的数据特征和变化。

这些故障诊断算法可以根据具体情况和需求进行选择和组合，以实现准确和可靠的故障诊断。算法的性能和准确度可以通过与实际故障数据进行验证和比对来评估。通过应用故障诊断算法，可以快速准确地识别和定位配电网中的故障，提高故障处理的效率和准确性。

二、故障定位

根据诊断结果，采用定位方法对故障位置进行确定。常用的定位方法包括电阻法、阻抗法、时差法等。这些方法利用测量值和计算结果，推断故障位置的可能区域。

（1）电阻法。根据故障电流通过故障点时产生的电阻值来确定故障位置。通过测量电流和电压的值，结合电流和电压的关系，计算出故障点的电阻值，并进一步确定故障位置。

（2）阻抗法。根据故障点处的电压和电流的阻抗特性来确定故障位置。通过测量电流和电压的幅值、相位等参数，利用阻抗计算公式或曲线，推算出故障位置的可能范围。

（3）时差法。通过测量故障点处电流和电压信号的到达时间差，计算出信号传输的速度，从而推算出故障点的位置。这种方法需要对信号传输速度有准确的测量或估计。

（4）模式识别法。基于故障点处电流和电压的波形特征，利用模式识别算法进行故障定位。通过对故障波形和正常波形进行比较分析，识别出异常波形，并推断出故障位置。

（5）统计学方法。基于故障点处电流和电压的统计特性，通过统计学模型进行故障定位。利用大量历史数据和统计算法，对故障点进行概率计算和分析，从而确定故障位置的可能性。

以上方法可以单独应用或结合使用，具体的选择和应用取决于实际情况和可用数据的类型。通过故障定位，可以准确地确定故障点的位置，有助于快速定位故障，减少故障恢复时间，提高供电系统的可靠性和运行效率。

三、故障报警与通知

故障报警与通知是配电网故障诊断与定位的重要环节。一旦故障被系统诊断和定位，系统会立即触发相应的报警和通知机制，将相关信息及时传达给相关人员，以便其采取相应的处理措施。

（1）报警方式。系统可以通过多种方式进行报警，如短信、邮件、语音通知等。这些方式可以根据不同的故障级别和用户偏好进行配置，确保及时有效地传达故障信息。

（2）报警级别。故障报警可以根据故障的严重程度和紧急程度进行分类和标识。例如，可以将故障分为高、中、低三个级别，以便用户能够根据紧急程度采取相应的处理措施。

（3）报警内容。报警通知中会包含故障的具体信息，如故障类型、故障位置、故障时间等。这些信息对于相关人员能够快速了解故障情况，有助于其做出准确的判断和处理。

（4）报警接收人员。系统可以设置多个报警接收人员，包括运维人员、维修人员、管理人员等。每个人员可以根据其职责和权限接受相应的报警信息，以便及时响应和处理。

（5）报警处理流程。系统可以定义报警处理的流程和步骤，确保报警信息能够按照预设的流程进行处理和跟踪。这可以包括报警确认、故障分析、修复措施的制定和执行等。

通过故障报警与通知，相关人员可以及时得知故障信息，并迅速采取相应的措施进行处理和修复。这有助于提高故障处理的效率和准确性，缩短故障恢复时间，保证供电系统的稳定运行。

四、故障处理与修复

运维人员根据故障诊断和定位结果，前往故障位置进行处理和修复。根据需要，可以远程操作开关设备，切除故障区域，恢复供电。

（1）现场勘查。运维人员首先到达故障现场，对故障设备和周围环境进行仔细勘查和检查，确认故障的具体状况。

（2）安全措施。在进行故障处理和修复之前，运维人员会采取必要的安全措施，如佩戴防护装备、切断电源、确保周围区域的安全等，以保障人员的安全。

（3）故障处理。根据故障类型和具体情况，运维人员会采取相应的处理措施。例如，对于设备故障，可能需要进行维修、更换或重新连接；对于线路故障，可能需要进行修复、重新接地或线路切换等。

（4）修复设备。如果故障设备无法立即修复，运维人员会将其标记，并提供详细的报告和建议，以便后续的维修和更换工作。

（5）远程操作。在某些情况下，如果配电网具有远程操作功能，运维人员可以通过远程控制系统对开关设备进行操作，切除故障区域，恢复供电。这可以减少对现场操作的依赖，提高故障处理的效率。

（6）测试和验证。在故障处理和修复完成后，运维人员会进行必要的测试和验证，确保故障已经被解决，设备和系统恢复正常运行。

（7）故障报告。最后，运维人员会编写故障报告，记录故障的详细情况、处理过程和结果。这对于后续的故障分析、预防措施的制定和改进具有重要的参考价值。

通过故障处理与修复，运维人员能够迅速恢复供电系统的正常运行，减少故障对用户和电力系统的影响，保障供电的可靠性和稳定性。此外，对故障的处理和修复也为后续的故障分析和预防提供了重要的经验和数据支持。

五、故障记录与分析

故障记录与分析是配电网故障诊断与定位的重要环节。通过对发生的故障进行记录和分析，可以获得有关故障的详细信息，并从中获取有价值的见解。

（1）故障记录。在故障发生时，运维人员应立即记录相关信息，包括故障类型、发生时间、发生地点、影响范围等。这些记录可以作为后续分析的基础。

（2）数据采集。除了基本的故障记录，还应收集与故障相关的数据，如电流、电压、温度、负荷等参数。这些数据可以通过监测设备、传感器和监控系统获取，为后续的故障分析提供更多信息。

（3）故障分类。将故障按类型进行分类，如短路故障、过载故障、设备故障等。通过分类，可以更好地了解故障的特点和原因。

（4）故障分析。通过对故障数据和记录进行分析，可以寻找故障发生的原因和潜在因素。这可能涉及数据挖掘、统计分析和模式识别等技术，以发现故障的规律和趋势。

（5）故障定位验证。将故障定位结果与实际修复过程进行比对，验证定位的准确性。这可以帮助改进故障定位算法和方法，提高故障定位的精确性和效率。

（6）故障预测。通过分析历史故障数据和趋势，可以尝试预测未来可能发生的故障。这有助于制定预防性维护策略和优化运维计划，减少故障的发生和影响。

（7）优化策略。根据故障分析的结果，可以提出改进配电网运行和维护策略的建议。这可能包括设备升级、操作流程改进、预防性维护计划等，以提高配电网的可靠性和效率。

第六章 电力系统自动化的安全问题研究

第一节 电力调度自动化中的网络安全

在电力系统方面来讲，网络应该根据业务不同的类型进行等级划分，而且要明确实施等级与安全方面的问题，在一般的情况下，数据管理与存储主要分成两种类型，其中包括了语音传输服务和外部服务等，在现实的角度来讲，我国依然在电力调度方面存在安全方面的问题，若想针对这些问题进行合理解决，那么就需要从实际性、整体性以及安全性等方面出发，做好网络安全管理与制度完善方面的工作，这样才能为电力调度自动化发展提供良好基础，同时也能解决网络安全方面的问题。在科学技术发展的情况下，电力事业发展规模与网络技术都有了全新的要求，企业为了获得电力市场中的应有份额，那么就需要针对自身的技术进行不断完善。在这种背景下，电力调度系统的可靠性、稳定性都受到了很大的挑战，目前如何解决电力调度系统安全方面的问题，已经成为人们所关注的重点。

一、电力系统网络安全的重要性

从电网事业安全运行的角度来讲，电网调度自动化会对电网造成很大的影响，在时代发生改变的情况下，电网调动自动化系统也需要逐渐地完善与技术革新。但是从现实的角度来讲，目前电网系统中大部分技术标准都无法满足时代的需求，所以经常会发生电网运行安全方面的问题，其中表现最明显的问题主要有烟火报警、运行设备温度过高以及通道不稳定等，这些问题都会对实际的电网调度工作造成严重影响。在社会逐渐进步的情况下，电网调度作用越来越大，同时也是电力企业中无法缺少的重要部分，所以在未来电网事业发展过程中，一定要对电网自动化调度工作进行重视，发挥出自动化调度工作的全部效果。通过以上的介绍可以看出，自动化调度网络安全有着非常重要的作用，同时也会间接影响社会的稳定发展。

（一）保护电力系统的安全和可靠性

电力系统是现代社会的重要基础设施，任何对其安全和可靠性的威胁都可能导致严重的后果，包括电力中断、设备损坏、经济损失甚至安全风险。网络安全措施的实施可以防止潜在的攻击、故障和破坏行为，确保电力系统的正常运行和可靠供电。

（二）保护用户隐私和数据安全

电力系统涉及大量的用户数据，包括用电信息、个人身份信息等。保护这些敏感数据的安全性和隐私是非常重要的。网络安全措施可以防止未经授权的访问、数据泄露和滥用，保护用户的隐私权和数据安全。

（三）防止网络攻击和破坏行为

电力系统作为关键基础设施，常常成为网络攻击和破坏行为的目标。恶意攻击者可能试图干扰电力系统的正常运行，篡改数据、控制设备甚至引发故障。网络安全措施可以防止这些攻击，保护电力系统免受恶意行为的影响。

（四）维护电力市场的公平竞争

电力市场的公平竞争需要建立在公正、透明和安全的基础上。网络安全措施可以防止潜在的黑客攻击、数据篡改和信息泄露，确保市场参与者的公平竞争环境。

（五）保护供应链和关键设备的安全

电力系统的运行依赖于供应链中的各种设备和组件。网络安全措施可以防止供应链中的恶意活动，确保关键设备的安全性和可靠性。这包括对供应商和合作伙伴的安全评估和监管。

（六）避免经济损失和服务中断

电力系统的网络安全事件可能导致经济损失和服务中断。攻击或故障可能导致电力中断，影响企业的生产运行、市民的日常生活和社会的正常运转。通过采取网络安全措施，可以降低潜在风险，减少经济损失并确保持续的供电服务。

（七）提高应急响应和恢复能力

在面对网络安全事件时，快速的应急响应和恢复能力至关重要。通过建立完善的网络安全防护系统和监测机制，可以及时发现和响应安全威胁，采取相应的应急措施，减少潜在损害并快速恢复电力系统的正常运行。

（八）维护国家安全和社会稳定

电力系统的稳定运行对于国家安全和社会稳定至关重要。电力系统的安全受到威胁时，可能导致社会秩序的混乱、国家重要设施的受损以及公共安全的威胁。因此，网络安全的保护对于维护国家安全和社会稳定具有重要意义。

总而言之，电力系统网络安全的重要性在于保护电力系统的安全性和可靠性、维护用户隐私和数据安全、防止网络攻击和破坏行为、维护电力市场的公平竞争、保护供应链和关键设备的安全、防止物理和网络威胁、避免经济损失和服务中断、提高应急响应和恢复能力，以及维护国家安全和社会稳定。通过加强网络安全措施，电力系统可以更好地应对潜在风险和威胁，确保电力系统的正常运行，并为社会的稳定发展提供可靠的电力供应。

二、电力调度自动化网络安全分析

（一）系统管理存在问题

目前在电力调动自动化网络安全问题中，经常出现管理不到位的情况，这种情况直接影响系统网络安全。

（1）复杂的系统结构导致管理困难。电力调度自动化系统具有复杂的内部结构，涉及多个子系统、设备和网络连接。这使得系统管理变得复杂而困难，调度人员难以及时发现系统网络故障和安全漏洞，也无法深入分析造成网络故障的根本原因。缺乏科学性和针对性的管理措施使得系统容易受到潜在的安全风险威胁。

（2）缺乏内部网络管理体制。随着科技的快速发展，黑客利用的网络入侵技术不断进步，并具有更强的攻击性。为了预防外部黑客的攻击，需要逐步完善内部网络管理体制。然而，在电力系统的自动化管理过程中，往往无法对网络安全进行合理保障。缺乏健全的内部网络管理措施会导致系统存在内部安全隐患，进而影响系统的正常运行和网络的安全性。

（3）管理措施滞后。电力系统的网络安全管理措施往往滞后于黑客攻击技术的发展。由于技术的快速更新，管理措施需要不断跟进和更新，以应对新型的网络攻击。然而，在一些电力调度自动化系统中，管理措施滞后，未能及时采取适应新技术的安全措施，导致网络系统的安全性无法得到有效保障。

（二）系统升级不够及时

在快速发展的网络信息技术环境下，保障运行系统和相关程序的及时有效升级至关重要。如果无法及时进行系统升级，系统的运转效率和性能将受到影响，系统可能面临更大的安全威胁。

系统升级的延迟可能导致系统存在漏洞，黑客或不法分子可以利用这些漏洞侵入网络，并获取重要文件。对于电力系统而言，这是一个严重的安全隐患。网络系统在互联网环境下运行，需要通过逐步升级的方式来确保系统始终处于良好的运行状态。

然而，在电力系统的自动化管理过程中，系统升级不够及时是一个常见问题。这主要是由于电力调度人员管理不及时，导致系统升级的计划和实施延迟。这增加了系统出现漏洞的概率，同时也增加了系统遭受攻击和重要调度信息被窃取或篡改的风险。

如果不合理解决系统升级不及时的问题，将给电力企业带来巨大的经济损失。重要的电力调度信息的泄露和篡改可能导致电力系统运行的混乱，影响电力供应的稳定性和可靠性，给企业带来不可估量的经济损失。

（三）调度人员综合素质不足

相关工作人员的素质和管理水准之间有着直接关系，目前大部分电力调动自动化网络安全管理人员的综合素质不足。

（1）责任意识不足。许多电力调度自动化网络安全管理人员缺乏良好的责任意识。他们可能对网络安全的重要性和后果缺乏充分认识，对安全管理工作缺乏足够的重视和投入。这导致他们在完成具体任务时容易出现疏漏和忽视，从而给网络安全管理留下漏洞和隐患。

（2）应对能力不足。在电力系统出现问题时，需要相关工作人员具备较强的问题排查和解决能力。然而，部分调度人员在应对电力系统问题时缺乏足够的技术和专业知识，无法迅速准确地确定问题的原因和解决方案。这导致了浪费大量人力资源和时间，对电力调度自动化网络安全产生直接影响。

（四）物理安全方面存在严重隐患

从物理安全隐患方面来讲，主要涵盖了物理线路和硬件设备等，造成物理安全问题的主要原因为硬件故障自燃火灾以及盗用和窃取等。若是发生台风、泥石流、滑坡等自然灾害，也会对电力调度安全造成直接影响，室内的自然灾害会直接造成硬件电路系统损坏，让网络传输信息无法顺利传达，同时对于调度现场无法实时监控。由于自然因素的影响，电力自动化调度受到了一定限制，网络安全环境也无法得到保障。

（1）物理线路问题。物理线路的安全性直接关系到电力调度自动化系统的稳定运行。可能存在线路老化、损坏或不合理布置等问题，这可能导致电力系统的短路、电压异常或停电等故障。这些物理线路问题会直接影响调度系统的可用性和网络安全性。

（2）硬件设备故障和自燃火灾。硬件设备的故障和自燃火灾是另一个物理安全隐患。如果硬件设备存在设计缺陷、制造问题或长时间运行导致的老化，可能会出现设备故障或短路，甚至引发火灾。这些故障和火灾会导致系统中断、数据丢失以及可能的安全漏洞。

（3）盗用和窃取。盗用和窃取是物理安全方面的重要问题。不法分子可能盗用或窃取电力调度自动化系统中的关键设备、数据或敏感信息。这可能导致系统的安全受到威胁，泄露重要的电力调度信息，甚至造成系统瘫痪和电力供应中断等严重后果。

（4）自然灾害的影响。自然灾害如台风、泥石流、滑坡等也会对电力调度自动化的物理安全造成直接影响。灾害可能导致电力设备的损坏，例如电缆被切断、设备受水淹或风吹倒。这些灾害会破坏电力调度自动化系统的物理基础设施，使系统无法正常运行和监控。

第二节 变电站电气自动化及电力安全运行

变电站自身就是保证电力体系照常作业的关键部分，可变电站当中又包含了不同的器械，比方说一次设施、二次设施等，来达到电能的传输，完成电力实况的高效掌控，为电力体系贡献优质的运作空间。根据时代进步，大众关于电的需要量越发增大，关于变电站的荷载标准也愈发严格，变电站的电气自动化与他的作业可靠性、安全性都变成了重中之重。

一、电气自动化实现的途径

（一）总体构架

变电站的总体构架由三个主要方面组成。

（1）间断层。间断层是变电站的关键层次，负责感应和数据信息的收集。该层通过传感器、测量设备等，对电力设施进行实时监测和数据采集，包括电流、电压、频率、功率因数等参数的测量。同时，间断层也承担着保护设备的功能，对电力设施进行故障检测和保护操作。

（2）网络层。网络层是基于传输的主体，提供高功率的电力传输。该层包括高压输电线路、变压器等设备，用于将电力从发电厂输送到变电站，并根据需求进行升压或降压处理。网络层的设计和运行保证了电力系统的稳定传输和分配。

（3）站控层。站控层是变电站总体构架的重要部分，主要负责对电力设备的整体运行状况进行掌控。该层运用监控系统、自动化控制设备等技术手段，实现对电力设备的监测、控制和维护。站控层还包括操作指示、报警和事件记录等功能，可以对网络层和间断层进行控制，确保硬件设施的正常运行和维护。

在电力自动化系统中，通过实施分层分布的方式，将二次设备要点明确，并实现高效的自动化控制。这需要软件和硬件设施的协同设计和配合。软件系统负责数据处理、算法控制和监测管理等功能，而硬件设施则提供了实际的传感、测量和控制能力，二者相互支持和配合，实现变电站的智能化和自动化运行。

（二）硬件设计

在变电站的硬件设计方面，根据分层分布的方法，需要策划和配置相应的硬件设施，以实现整体构架的控制和运行。

（1）站控层硬件设施。站控层作为中心，包括监控器械、服务器等硬件设备。监控器械用于监测电力设备的运行状态和数据采集，服务器用于存储和处理大量的监测数据和控制信息。

（2）网络层硬件设施。网络层涉及通信光缆、光纤接口器、交换仪器等硬件设备。通信光缆提供了数据传输的通道，光纤接口器用于光纤通信的连接，交换仪器用于网络数据的传递和转发。

（3）间隔层硬件设施。间隔层包括电能收集仪器、监控和安保器械等硬件设备。电能收集仪器用于收集电能数据和监测电力参数，监控和安保器械用于实施对电力设备的监控和安全保护。

在自动化过程中，硬件设施的配备是变电站电力自动化体系的关键。信息数据的传输依赖于网络层中实用的通信光缆，通过两个以太网进行数据传输，以保证电力系统的稳定运行。在硬件配置时，应注意对开关量等相关信号进行分离隔离，以确保一系列正常电力作业的监管和预备工作的可靠性。

根据硬件二次设施的方案，可以实施对一次设施的监控和预备工作，为电力系统的可靠性提供保证。通过合理的硬件设计和配置，使变电站的自动化体系能够高效运行，并提供稳定的电力供应。

（三）软件设计

软件设计在变电站的自动化改造中起着重要的作用。合理的软件设计需要与良好的硬件设施基础相结合，以确保电力作业的稳定运行。

（1）使用功能实施设计。根据实际需求进行软件设计，通过 A/D 采集和计算机的完善实现。这样的设计可以将采集到的数据解析为可读取的形式，并根据使用功能的设计对信号含义进行解析，对系统方向产生影响，使得信号含义可以被隔离或识别。

（2）A/D 采集和数据解析。通过 A/D 采集技术，可以将数据信息传输到计算机进行解析，并进行保存和归类，以便后续作业中的随时查阅和使用。此外，通过数据解析，实现人机交互和实时数据处理，以满足相关作业的需求。

（3）开关量的输送。还可以实现开关量信号的输入和输出，读取相关信号的状态。这方面的设计可以实现对开关设备的控制和监测，确保其正常运行，并与其他系统进行交互。

（4）电能计算测量。重要的设计要点是对电能的计算和测量。通过合适的算法和测量方法，能够快速而准确地完成电能计算，使数据信息统计变得更加方便和高效。

通过合理的软件设计，可以实现数据的采集、解析、存储和运用，方便对电力系统进行监控和管理。软件设计的科学性和合理性对于变电站的自动化改造至关重要，它能够提高电力作业的效率和可靠性，为变电站的安稳运行提供支持。

二、电力变电站的安全运行

（一）完善信息技术的使用

随着市场竞争的加剧，科学工艺的应用成为获得竞争力的关键条件。因此，在变电站的建设实践中，必须高效地完善信息数据工艺的使用，利用先进的电子计算机手段，实施对电力作业的监管，确保电力系统的可靠运行，并提高电力作业的效率，实现电力信息数据的交流，推动我国电力领域的深入发展。在完善信息技术的使用方面，可以采取以下措施。

（1）电力信息数据管理。建立完善的电力信息数据库，对电力系统的运行状态、设备参数、故障记录等进行有效管理和记录。通过电子计算机手段，实现数据的实时采集、存储和分析，为电力系统的监管和决策提供准确的数据支持。

（2）远程监控和控制。利用信息技术实现对电力变电站的远程监控和控制。通过网络通信和远程操作，实时监测变电站设备的运行状态，及时发现异常情况并采取相应措施，确保电力系统的安全稳定运行。

（3）智能化运维管理。借助信息技术，实现电力设备的智能化运维管理。利用传感器和监测设备采集设备运行数据，通过数据分析和故障诊断算法，实现对设备的智能监测、故障诊断和预测维护，提高设备的可靠性和维护效率。

（4）实时通信和协同作业。建立电力变电站内部和与其他变电站之间的实时通信系统，实现信息的快速传递和协同作业。通过实时通信，变电站之间可以共享关键数据和信息，进行协同调度和应急响应，提升电力系统的整体效率和安全性。

通过充分利用信息技术，实现变电站的智能化运行和管理，可以提高电力系统的运行效率和安全性，减少人为因素的影响，同时为电力行业的发展带来新的机遇和挑战。

（二）优化安全管理制度

为确保电力变电站的安全运行，需要优化安全管理制度。这意味着对现有的安全管理体系进行全面、深入的优化和改进，以实现维护和运维作业的全面实施，并将相关工作标准化。

首先，对现有的安全管理体系进行综合评估，结合变电站的实际运行情况和相关规定，进行优化和革新。例如，在日常巡查体系和交接班体系方面进行优化，要求安全管理人员定期监控变压设备、断路设备、互感设备、隔离开关等，并按照规定进行故障维修和养护工作。同时，要定期检查设备线路和元件等，每次检查都要进行记录，特别是对于容易出现故障的设备，要快速找出故障原因，并重点关注相关设备的检查和维修工作。

其次，建立完善的评估机制。每个月或每个季度对安全管理人员进行评估，检查他们是否符合要求的管理作业。对那些严格按照制度要求落实安全管理的优秀管理人员给予奖励和表彰，同时对不能严格执行安全管理体系的员工进行相应的处罚。这将激励员工更加严格地遵守安全管理制度，确保安全管理的质量和效果。

此外，还需加强培训和教育。提供针对安全管理的培训课程，使安全管理人员了解最新的安全要求和标准，并掌握适用的安全管理方法。定期组织安全培训和演练，增强员工应对突发事件的应急能力，增强安全意识和技能。

（三）看重自动化管理制度的优化

自动化管理在保障电力作业安全性方面发挥着关键作用，需要从多个领域综合考虑，制定正确的解决方案和计划。

首先，在人员管理层面，应注重完善工作人员制度，并强调规范化和标准化的管理。通过提高综合运维管理的质量，帮助每个工作人员在实践中获得经验，建立起高效的工作机制。此外，要重视设备的养护和检查工作，提高工作人员的主动性和责任感，确保自动化系统得到有效管理，从而保障电力作业的稳定性。

其次，要注重自动化管理系统的优化。通过引入先进的技术和系统，如远程监控、数据采集和分析、故障诊断等，实现对变电站运行状态的实时监测和分析。优化自动化管理系统可以提高对电力设备的监控和控制能力，及时发现潜在的问题和故障，并采取相应的措施进行修复和处理，确保电力系统的安全运行。

再次，应重视安全培训和意识的提升。通过组织定期的培训和教育活动，使工作人员了解最新的安全要求和规范，增强他们的安全意识和技能。同时，倡导安全文化，营造良好的安全氛围，让每个工作人员都积极参与安全管理，共同维护电力变电站的安全运行。

最后，要建立健全的监督机制。设立专门的安全管理部门或委员会，负责对自动化管理制度的执行情况进行监督和评估。定期进行安全管理的内部审计，发现问题并及时采取纠正措施。同时，加强与监管部门的沟通与合作，确保自动化管理制度符合相关法规和标准的要求。

通过优化自动化管理制度、加强安全培训和意识提升，并建立健全的监督机制，可以全面提升电力变电站的安全管理水平，保障电力系统的安全运行，确保电力供应的可靠性和稳定性。

（四）提升对电力作业的管理水平

电力作业的管控直接影响着电力体系的可靠性和供配电的平稳性。为此，应建立专门的管治团队，并确立明确的责任体系，负责对线路和设施进行严格的管控和养护，以确保其正常运行。

首先，需要建立完善的管理要求和规范，确保所有的电力作业都遵循统一的标准和流程。这包括制定操作规程、安全操作指南等，明确各个环节的责任和要求。通过规范化的管理，可以提高电力作业的准确性和一致性，降低操作失误和事故的风险。

其次，要注重信息化管理的提升。借助先进的信息技术手段，建立全面的信息化管理系统，实现对电力作业的监测、记录和分析。通过数据的实时采集和分析，可以快速识别潜在的问题和风险，并及时采取措施进行处理。信息化管理还可以提供数据支持和决策依据，优化资源配置和作业计划，提高管理效率和运维质量。

再次，要加强故障处理能力。建立快速响应机制，设立专门的故障处理团队，提供快速、准确的故障诊断和修复服务。同时，注重故障的分析和归因，找出故障的根本原因，并采取相应的措施进行预防和改进，以降低故障的发生率和对电力作业的影响。

最后，要加强与监管部门和相关单位的合作与协调。建立良好的沟通机制，及时分享信息和经验，共同应对电力作业中的挑战和风险。加强协作可以提高整体的管理水平和安全性，形成合力保障电力变电站的安全运行。

通过建立专门的管治团队、完善管理要求、提升信息化管理水平、加强故障处理能力以及加强合作与协调，可以提升对电力作业的管理水平，确保电力变电站的安全运行。这将有助于提高供电可靠性、保障电力系统的稳定运行，并为电力行业的发展做出积极贡献。

（五）做好变电站作业安全器具的管理

无论是非预期的故障还是其他事故，都需要通过安全器具进行勘察和维修。因此，安全设备的管理和运用变得尤为关键。

第一，要确保安全器具的正确摆放位置。安全器具应该放置在易于触及和使用的位置，便于在紧急情况下进行快速操作。例如，应将灭火器放置在易于取用的地方，防护设备应安装在可能发生危险的区域，紧急报警装置应设立在能够迅速引起注意的位置。通过合理摆放安全器具，可以提高应急响应的速度和效果。

第二，要进行定期的安全器具维护和检查。定期检查安全器具的工作状态和有效性，确保其正常运行。例如，定期检查灭火器的压力和有效期限，维护报警装置的电池和传感器，检查防护设备的完好性和可靠性。如果发现安全器具存在问题或失效，应及时更换或修复，以确保其在关键时刻的可靠性和有效性。

第三，应进行安全器具的培训和使用指导。对变电站的工作人员进行安全器具的培训，使其了解每种器具的作用和使用方法，掌握正确的操作技巧。同时，提供详细的使用指导和操作手册，让工作人员能够熟练地使用安全器具，并在必要时能够正确应对各种紧急情况。

第四，应建立健全的安全器具管理制度。制定相关的管理规定和流程，明确责任和权限，确保安全器具的配备、维护、更新等工作得到有效的管理。通过规范的管理，可以提高安全器具的管理水平和效率，降低安全风险。

第五，要加强安全文化建设。通过开展安全培训、宣传和教育活动，提高工作人员对安全的重视和意识。建立安全奖惩机制，鼓励员工主动参与安全管理，并及时报告和处理安全隐患。通过全员参与，形成共同关注和维护安全的良好氛围。

第三节　电力通信自动化信息安全漏洞及防范策略

一、电力通信自动化数据的特征

在电力通信自动化中，数据具有以下特征。

（一）时效性

数据可以分为实时数据和非实时数据。实时数据与电力系统运行的实时状态相关，需要在短时间内传输和处理，以支持对电力设备的调整和控制。非实时数据则对时效性要求相对较低，如设备的维护日志等。不论是实时数据还是非实时数据，都需要保证及时传输和处理，以确保电力系统的安全和稳定运行。

（二）安全性

电力通信自动化数据的安全性至关重要。数据在传输过程中需要进行加密和认证，以防止未经授权的访问和篡改。安全性措施包括访问控制、数据加密、身份验证等，以确保数据的机密性和完整性，防止数据泄露和被篡改。

（三）可靠性

电力通信自动化数据传输必须保证高度的可靠性。数据传输过程中应采用冗余机制和错误检测纠正技术，以确保数据的准确性和完整性。此外，需要建立数据备份和恢复机制，以防止数据丢失和损坏，确保数据的可靠性和可恢复性。

（四）扩展性

电力通信自动化数据的需求不断增长，需要具备良好的扩展性。系统应能够处理大量的数据流量和多样化的数据类型，支持新的通信协议和技术，以满足未来电力系统发展的需求。

（五）实时监测与分析

电力通信自动化数据可以用于实时监测和分析电力系统的运行状态。通过对数据的实时监测和分析，可以及时发现潜在的故障和异常情况，并采取相应的措施进行处理和修复，以确保电力系统的安全和可靠运行。

电力通信自动化数据具有时效性、安全性、可靠性、扩展性和实时监测与分析等特征。为了保障电力通信自动化信息的安全运行，需要采取一系列的安全措施，包括数据加密和认证、访问控制、错误检测和纠正、数据备份和恢复，以及实时监测和分析等。这些措施将有助于确保电力通信自动化系统的安全性、稳定性和可靠性。

二、电力通信自动化信息安全漏洞问题

（一）架构问题

电力通信自动化信息安全漏洞的成因之一是架构问题。在电力通信系统的架构中，存在一些潜在的安全漏洞和风险，可能导致信息的泄露、篡改或其他安全问题。以下是一些常见的架构问题。

（1）不完善的网络设计。网络设计不合理或不完善可能导致信息传输的漏

洞。例如，网络拓扑结构不合理、网络隔离措施不足、网络设备配置不当等，都会增加信息被攻击者获取或篡改的风险。

（2）不安全的数据传输。数据传输过程中缺乏必要的加密和认证措施，使得数据容易被窃取、篡改或伪造。例如，传输过程中未采用加密技术，使得敏感数据暴露在网络中，容易受到攻击。

（3）弱点攻击。系统中存在未修补的漏洞或弱点，攻击者可以利用这些漏洞进行入侵。例如，未及时更新系统补丁、使用过期的软件版本、缺乏入侵检测和防御系统等，都可能导致系统易受攻击。

（4）不合理的权限管理。权限管理不合理可能导致未经授权的访问或误操作。例如，过多的用户拥有高权限，或者未对用户进行精确的权限分配和访问控制，使得系统容易被非法访问或误操作。

（5）不完善的安全监控和日志记录。缺乏有效的安全监控和日志记录机制，使得对系统安全事件的检测和跟踪困难。例如，未设置有效的入侵检测系统、未实施实时监控和告警机制、日志记录不全面等，都会导致对安全事件的响应不及时或无法追溯。

（二）整体安全威胁问题

电力通信自动化信息安全漏洞问题的成因之一是整体安全威胁问题。以下是对整体安全威胁问题的详细说明。

（1）黑客的恶意攻击。黑客利用技术手段，以获取非法利益或者破坏系统为目的，对电力通信系统发起恶意攻击。他们可能利用网络漏洞、社会工程学手段或恶意软件等手段，入侵电力通信系统，窃取敏感信息、篡改数据或破坏系统运行。这些攻击可能导致电力系统的中断、故障或信息泄露等严重后果。

（2）系统安全漏洞。电力通信系统中存在的安全漏洞可能被黑客利用，从而入侵系统。这些安全漏洞可能是由于系统设计不当、软件缺陷、未及时修补的漏洞等导致的。黑客可以利用这些漏洞执行恶意代码、获取系统权限或者绕过安全措施。

（3）病毒木马的入侵。病毒和木马程序是常见的网络威胁，它们可以通过网络传播并感染电力通信系统。一旦感染，病毒和木马程序可以窃取敏感信息、损坏数据、占用系统资源或者远程控制系统。这些恶意程序可以通过电子邮件、恶意网站、可移动存储设备等途径传播。

（三）控制流程问题

电力通信自动化信息安全漏洞问题的成因之一是控制流程问题。以下是对控制流程问题的详细说明。

（1）多样化的通信方式。不同区域使用的电力设备类型和通信方式不同，这导致在电力通信系统中存在多样化的连接方式和通信协议。为了实现对各个设备的控制和监控，通常需要进行通信协议的转换。然而，这种转换过程可能存在安全隐患，因为不同的协议之间可能存在不兼容或不完全兼容的情况，导致信息传输中的安全漏洞。

（2）安全管理措施的局限性。传统的安全管理措施对于解决控制流程中的安全问题的作用有限。常规的安全管理措施主要针对通信网络的加密、身份认证和访问控制等方面，但对于控制流程中可能存在的安全风险、错误操作、故障或异常事件等问题，传统的安全管理措施往往无法提供充分的保护。

（3）复杂的控制流程。电力系统的运行调控涉及众多的电力部门和电力设备，其控制流程非常复杂。在控制流程中，可能涉及多个层级的指令传递、多个系统的协同工作以及多个数据源的交互。这种复杂性给信息安全带来了挑战，因为在控制流程中的任何一个环节出现故障、错误或攻击，都可能导致信息的不安全性和系统的不稳定性。

三、电力通信自动化系统信息安全漏洞的防范措施

构建有效的电力通信安全体系是电力企业信息化建设的重要内容之一。在进行电力通信安全体系构建的过程中，不仅需要充分考虑可能遇到的问题，思考如何防止这些问题的发生，而且还要考虑一旦安全问题发生，系统应该如何应对与处理。

（一）自动化中心站的防护

为了防范电力通信自动化系统信息安全漏洞，下面是针对自动化中心站的防护提出的详细措施。

（1）部署安全防护设备。在自动化中心站周围设置防火墙、入侵检测与防御系统等安全防护设备，确保对进出中心站的数据流进行监控和筛查。防火墙

可以对网络流量进行过滤和访问控制，入侵检测与防御系统可以实时监测异常行为和入侵威胁，并采取相应的防御措施。

（2）强化访问控制与身份验证。实施严格的访问控制策略，限制只有授权人员才能访问自动化中心站的关键系统和数据。使用强密码、多因素身份验证等方式，确保只有经过身份验证的人员才能登录和操作关键系统。

（3）加密敏感数据传输。对自动化中心站与通信子站点之间的数据传输进行加密，采用安全的通信协议和加密算法，防止数据被窃听或篡改。同时，定期更新加密算法和密钥，确保加密机制的安全性。

（4）实施安全监控和日志记录。配置安全监控系统，实时监测自动化中心站的网络活动、系统状态和安全事件。同时，记录关键操作日志和事件日志，用于后期的审计和分析，及时发现异常活动和安全威胁。

（5）定期进行安全漏洞扫描和补丁更新。使用安全漏洞扫描工具，对自动化中心站的关键系统和软件进行定期扫描，及时发现潜在的漏洞。同时，及时安装厂商提供的安全补丁和更新，修复已知的安全漏洞。

（6）增强员工的信息安全意识。开展定期的安全培训和教育，增强员工对信息安全的意识，教授安全操作规范和防范措施。员工应了解常见的安全威胁和攻击手段，并能够正确识别和应对安全事件。

通过以上措施，可以加强自动化中心站的安全防护，保护电力通信自动化系统的信息安全，防范安全漏洞的发生，确保电力系统的正常运行。

（二）无线终端防护

为了防范无线终端的安全漏洞，下面是针对无线终端的防护提出的详细措施。

（1）强化用户身份认证。建立完善的用户身份认证系统，对使用无线终端的用户进行身份验证。采用强密码、双因素身份验证等方式，确保只有经过授权的用户才能访问无线终端和相关的电力信息通信系统。

（2）管理访问权限。对不同的用户或用户组设置不同的访问权限，只允许其访问其所需的电力信息和功能。及时删除或禁用不再需要访问权限的用户账户，以减少安全风险。

（3）实施加密传输。在无线终端与自动化中心站之间的数据传输过程中，采用安全的加密协议和加密算法，对传输的数据进行加密处理。确保数据在无线传输过程中不被窃听、篡改或伪造。

（4）定期更新固件和软件。无线终端的固件和软件往往存在安全漏洞，及时更新固件和软件版本，安装厂商提供的安全补丁和更新。定期进行安全漏洞扫描和评估，确保无线终端的安全性。

（5）强化物理安全措施。对无线终端设备进行合理的物理安全措施，如安装在安全的位置、设置访问控制和监控设备等，以防止设备被物理攻击或非授权访问。

（6）定期监测和审计。监测无线终端的网络活动和访问日志，及时发现异常行为和安全事件。定期进行安全审计，检查无线终端的配置是否合规、是否存在异常访问等。

通过以上措施，可以加强无线终端的安全防护，保护电力信息通信系统的安全性，防范安全漏洞的发生，确保电力系统的正常运行。同时，需要与无线终端的厂商和供应商合作，共同推动无线终端的安全研究和改进，以应对不断变化的安全威胁。

（三）远程控制防范

根据用电客户的需求以及电力系统的负荷情况，对电力系统的运行状况进行调整是电力系统运行管理的一项重要内容，需要多个电力部门之间的配合实现。

（1）引入安全模型。建立适当的安全模型，包括身份认证、访问控制、权限管理等，确保只有经过授权的用户才能进行远程控制操作。采用加密协议对远程控制过程中的数据进行保护，防止被未授权的访问者窃取或篡改。

（2）分析信息安全需求。对远程控制的信息安全需求进行全面分析，包括保密性、完整性、可用性等方面。确保远程控制过程中的信息传输安全，防止信息泄露、数据篡改或拒绝服务等安全威胁。

（3）远程配置特征防护。对远程控制设备进行严格的配置管理，确保配置的准确性和合规性。采用安全的配置传输和存储方式，防止配置信息被篡改或盗取。定期对设备配置进行审查和更新，及时修补可能存在的漏洞。

（4）安全通信机制。使用安全的通信协议和加密算法，确保远程控制过程中的通信安全。采用防火墙、入侵检测系统等安全设备，对网络流量进行监测和过滤，防止恶意攻击和未经授权的访问。

（5）遵循 XML 标准。在远程控制过程中，遵循 XML（可扩展标记语言）标准，以确保数据的可互操作性和安全性。对 XML 数据进行签名和验证，确保数据的完整性和真实性。

通过以上措施，可以加强远程控制的安全防护，确保远程控制操作的安全性和可靠性。同时，需要定期对远程控制系统进行安全评估和漏洞扫描，及时修复发现的安全漏洞。与供应商和厂商密切合作，及时获取安全更新和补丁，以应对不断变化的安全威胁。

第四节　电力拖动系统的自动控制和安全保护

电力施动控制系统为一种重要的控制系统，将其应用于工业生产中可发挥着重要作用。在科学技术快速发展的推动下，电力拖动系统的应用形式已经基本实现自动化。自动化电力施动控制系统可更好地满足社会经济发展的电力需求。

一、电力拖动系统自动控制原理及其设计

（一）控制原理

电力拖动系统的自动控制原理是基于电动机的各种基础反馈和电气设备的控制部分。该系统通过计算机来实现启动连锁、运行连锁和安全保护等功能。在实施自动控制过程中，可以采用多种方法，每种方法都有其优势和限制。

在电力拖动系统中，电动机的反馈是至关重要的。常见的反馈包括速度反馈、电流反馈和频率反馈等。这些反馈信号能够提供有关电动机运行状态的实时信息，使控制系统能够对电动机的运行进行调节和监控。

电力拖动系统的控制部分主要包括电气保护。这些保护功能包括电流保护、热保护和短路保护等。通过监测电流、温度和电路状态等参数，控制系统能够及时检测和响应异常情况，保护电力设备的安全运行。

计算机在电力拖动系统的自动控制中发挥着关键作用。计算机通过编程、功能模块和驱动程序等手段，实现对系统的集中控制。计算机具有快速响应、操作方便和高可靠性等优势。然而，由于不同工艺的采用和要求的差异，控制方法也存在一定的差异。

电力拖动系统的自动控制原理本质上是信号的输入和输出，并依靠计算机来实现对系统的集中控制。通过分析各种反馈信号和控制部分的数据，计算机能够对电力拖动系统进行精确的调节和监测，以实现系统的稳定运行和安全保护。

总之，电力拖动系统的自动控制原理是基于电动机的反馈和电气保护部分，并通过计算机实现对系统的集中控制。通过合理的控制策略和算法，能够确保电力拖动系统的高效运行和安全性。

（二）电动机的选择

在电力拖动系统设计中，选择适合的电动机是一个重要的环节。在选择电动机时需要考虑的详细方面。

（1）功率选择。根据生产机械的标准要求和负载情况，选择与之匹配的电动机功率。同时，要考虑电动机的发热、启动能力和允许过载等因素，以确保其正常运行。工程师需要综合考虑这些因素，确定电动机的适当功率。

（2）电容量选择。电容量的选择是非常关键的。它受到外部因素的影响，所以需要进行多次试验和分析，才能确定适当的功率。工程师需要注意考虑电容量与电动机的匹配，以确保系统的稳定性和效率。

（3）电动机类型选择。在选择电动机类型时，需要综合考虑技术和经济性等方面的因素。通常情况下，可以选择成本较低、结构简单且易于维护的交流异步电动机。对于需要调速性能较好的应用，可以选择调速范围广、功率较大的直流电动机。

（4）额定转速选择。额定转速的选择要根据电动机与机械设备的配合情况、技术经济因素来决定。根据实际应用场景，可以分为两种情况来考虑。如果电动机长时间工作且很少启动、制动和反转，需要综合考虑设备投资、占地面积、维护检修等技术经济因素，确定适当的额定转速。如果电动机需要频繁启动、制动和反转，需要根据电动机的动能储存量来确定适当的额定转速。

选择适合的电动机需要综合考虑功率、电容量、类型和额定转速等因素。在设计过程中，工程师需要充分分析和评估各种因素，以确保选择的电动机能够满足电力拖动系统的自动控制需求，并在技术和经济性方面达到最佳效果。

二、电力拖动系统的安全保护

（一）短路保护

导致电力拖动系统发生短路的原因多种多样，而短路对系统和设备的安全性和稳定性带来严重影响。因此，为了保护电力拖动系统的安全，必须采取适当的短路保护措施。

短路保护的目标是在短路事件发生时快速、可靠地切断电流，并保护系统和设备免受潜在的损坏。

（1）电流保护器。电流保护器是一种用于监测电流并在超过设定值时切断电路的保护装置。它可以侦测到电流短路事件并迅速切断电流，从而防止短路造成的进一步损害。

（2）熔断器。熔断器是一种常用的短路保护装置，它包含一个熔丝，当电流超过熔丝的额定电流时，熔丝会熔化断开电路。熔断器可以快速切断电流，保护系统和设备免受短路电流的影响。

（3）断路器。断路器是一种可重复使用的短路保护装置。当电流超过设定值时，断路器会自动跳闸切断电路，并提供便捷的手动操作来重置断路器。断路器可以在短路事件后快速切断电流，并具有较高的额定短路容量。

（4）接地保护。接地保护是防止电气系统因绝缘故障而发生短路的一种重要手段。通过将电气设备和系统正确接地，可以将电流导向地，从而避免潜在的短路事故。

除了以上措施，还可以采用过电压保护、过温保护等多种保护装置，以提供更全面的短路保护。在设计电力拖动系统时，应根据系统的特点和需求选择适当的短路保护装置，并合理布置保护装置的位置，以确保在发生短路事件时能够迅速切断电流，保护系统和设备的安全性和可靠性。

（二）过流保护

过流保护是电力拖动系统中常用的安全保护措施之一，用于监测和防止电动机和系统元件由于过载或其他异常情况而遭受过大电流的损害。

在电动机使用过程中，可能会发生以下情况导致过电流的产生。

（1）过载。当电动机承载的负载超过其额定能力时，会导致电动机电流超过正常工作范围，从而引发过电流现象。

（2）短路。电路中的短路故障会导致电流突然增大，从而造成过电流现象。

（3）故障状态。例如电动机内部绝缘损坏、相间短路、转子堵塞等故障，都可能导致电动机过电流的发生。

为了保护电动机和系统元件免受过电流的损害，可采取以下过流保护措施。

（1）热继电器。热继电器是一种根据电流大小和持续时间来判断过电流的保护装置。当电流超过设定值或持续时间超过设定时间时，热继电器会自动切断电路，以防止电动机和系统受到过电流的伤害。

（2）电流保护器。电流保护器通过感应电炉中的电流变化，当电流超过设定值时，会迅速切断电路，起到过电流保护的作用。

（3）断路器。断路器通常具有过载保护功能，当电流超过设定值时，断路器会自动跳闸，切断电路，保护电动机和系统的安全。

（4）数字保护装置。现代化的电力拖动系统常采用数字保护装置，通过对电流进行实时监测和分析，能够更精确地判断过电流情况，并根据设定参数进行保护动作。

此外，还可以采取电流限制器、短路电流限制器等辅助装置来提供额外的过流保护。在设计电力拖动系统时，应根据电动机的额定电流、负载情况以及系统的特点，选择适当的过流保护装置，并设置合理的保护参数，以保障电动机和系统的安全运行。

（三）欠压保护

欠压保护是电力拖动系统中的一项重要安全保护措施，旨在防止系统在电源电压低于正常工作范围时引起电动机和其他设备的异常运行或损坏。

欠压保护的主要目的是在电源电压低于一定阈值时，及时切断电路或采取其他措施，以避免电动机和系统受到欠压引起的不良影响。

（1）欠压继电器。欠压继电器是一种感应电源电压的装置，当电源电压低于设定的阈值时，继电器会触发动作，切断电路或发出警报信号，以通知操作人员或采取相应措施。

（2）欠压保护装置。这种装置可以通过监测电源电压并与设定的阈值进行比较，当电源电压低于设定阈值时，会触发保护装置进行相应的动作，如切断电路、停止电动机等。

（3）UPS（不间断电源）。UPS 是一种用于提供备用电源的设备，在电源电压低于正常工作范围时，UPS 可以自动切换到备用电源，以维持电动机和系统的正常运行。

（4）发电机组备用电源。在关键的电力拖动系统中，常常配备备用发电机组作为额外的电源，当主电源电压低于正常范围时，发电机组会自动启动并接管供电，以保障电动机和系统的正常运行。

欠压保护的具体实施方式可以根据系统的特点和需求进行选择和定制。它可以有效地防止因电源电压低于正常工作要求而引起的系统故障、设备损坏以及安全风险，确保电力拖动系统的可靠性和稳定性。

第五节　基于电力安全生产监察下电气工程及其自动化应用

一、重视电气工程前期设计质量与施工质量

在电力安全生产监察下，电气工程及其自动化应用的质量成为关注的重点。为了确保电气工程及其自动化控制系统的安全可靠运行，需要重视电气工程前期设计质量和施工质量的控制。

首先，在电气工程应用前期，必须严格按照电力行业的规范要求进行电气工程及其自动化控制系统的设计。这包括对系统的功能需求、电气设备的选择与布置、回路图的设计、电缆敷设等方面的规范要求进行合理的考虑与设计，以确保设计方案的可行性和适用性。同时，还需要进行前期的仿真和优化分

析，以验证设计方案的合理性和性能优化，从而为后续电力系统工程施工提供准确的依据。

其次，在施工期间，需要对设计方案进行仔细研究与分析。明确不同设计内容的作用，如电气设备安装、线路连接、接地系统等，并制定相应的施工质量控制要点。积极与相关人员进行沟通与探讨，共同解决电气工程及其自动化技术在施工期间可能存在的质量问题。制定出具体的质量控制措施，包括施工过程中的检查、测试和验收等，以确保施工质量的符合设计要求，并及时纠正和处理发现的问题。

重视电气工程前期设计质量和施工质量对于电力安全生产监察至关重要。通过合理的设计和质量控制，可以确保电气工程及其自动化技术在电力系统中的正常运行和安全可靠。这有助于提高电力系统的安全生产水平，减少事故风险，保障供电的稳定性和可靠性。

为了进一步加强电气工程及其自动化应用的质量管理，可以建立健全相关的质量管理体系和流程，定期进行质量评估和内部审核，加强培训与技术支持，提高从业人员的专业素质和技能水平。同时，应加强与监管部门的沟通与合作，共同推动电气工程及其自动化技术的质量提升，为电力安全生产监察目标的实现提供有力支持。

二、强化施工阶段质量控制

在电力安全生产监察下，电气工程及其自动化应用的施工阶段需要强化质量控制，以确保设计方案的有效实施和系统的安全可靠运行。

首先，施工阶段需要对施工人员的资质和专业化程度进行综合评估。合格的施工人员应具备相关的技术背景和培训，并持有相应的电气施工资质证书。这可以通过审核施工人员的教育背景、工作经验以及参与过的类似项目来评估他们的专业能力。此外，施工企业的经营状况和社会知名度也是重要的考虑因素。只有具备专业化程度的施工人员和可靠的施工企业才能保证施工质量的可控性和可靠性。

其次，施工期间需要对施工过程进行监督。监督可以包括现场巡检、施工记录的审核、质量抽样检验等。通过监督，可以及时发现和纠正施工中存在的问题和缺陷，确保施工与设计的一致性。同时，应对施工人员的操作规范、安全措施和质量管理要求进行培训和宣传，增强他们的安全意识和质量意识，遵守相关规范和标准。

再次，考虑到电气工程及其自动化技术的精密性和敏感性，施工阶段还需要对不同电气工程材料和施工环境进行控制。确保施工材料的质量符合相关标准，并对其进行合理的保管和使用。施工环境要保持干燥、通风良好，避免灰尘、湿气等对电气设备和线路的影响。此外，施工现场要合理布置，避免杂乱和交叉干扰，确保施工的顺利进行和质量的可控性。

为了强化施工阶段的质量控制，可以建立专门的施工管理团队，负责监督和指导施工工作。同时，应加强与监管部门的沟通和合作，及时反馈施工情况和解决问题，确保施工质量符合要求；定期组织施工质量评估和验收，对合格的施工进行认可和奖励，对不合格的施工进行整改和追责。

三、重视安全管理

在电力安全生产监察下，对于电气工程及其自动化应用，重视安全管理是至关重要的。

首先，针对电力系统施工期间存在的分包单位，电力企业应加强对其技术指导、日常监督与管理。通过与分包单位建立合作机制，明确双方的责任与义务，确保施工过程中的安全性和质量可控性。电力企业可以组织专业技术人员对分包单位进行技术培训，增强其施工技能和安全意识，确保施工符合相关规范和标准。

其次，电力企业需要落实安全生产责任，制定并执行严格的安全管理制度和措施。安全管理应涵盖施工现场的安全设施和安全操作规程，明确安全责任人和安全监督员的职责，并进行必要的安全培训和演练。同时，应建立健全的事故预防和应急处置机制，及时发现和排除安全隐患，确保施工过程中的安全稳定。

再次，电力企业可以加强与监管部门的合作与沟通，及时了解和掌握相关的安全法规和政策要求，确保施工过程的合规性和安全性。与监管部门的沟通可以包括定期召开安全会议、参与安全培训和研讨会等形式，共同探讨和解决电气工程及其自动化应用中的安全管理问题。

最后，电力企业还可以利用现代信息技术手段加强安全管理。通过建立安全监测系统和远程监控系统，实时监测施工现场的安全状态，及时预警和处理安全风险。同时，可以利用大数据和人工智能等技术，对施工过程中的安全数据进行分析和挖掘，提前发现潜在的安全问题，并采取相应的预防措施。

电力企业在电气工程及其自动化应用中，重视安全管理是确保安全生产和电力安全监察的关键。通过加强对分包单位的管理，落实安全责任，与监管部门合作，利用现代信息技术手段，可以有效提高施工过程的安全性和质量可控性，为电力系统的安全生产监察奠定坚实基础。

第七章　电力系统自动化与智能电网实践应用

第一节　电力系统配电网自动化的应用现状及展望

我国经济在迅速发展的同时，也在一定程度上推动了电力行业的迅速发展，电力行业得到了快速发展，同时也对电力系统配网的要求不断提高。通过自动化技术能够大大提高配网系统的有效性，提高了运行效率，也促进了电网的快速发展。

一、配电网运行管理的不足

智能配电网在具体的工作中，它的服务对象是所有的用户，在将便利充分地给予用户的同时，更需要将用户能够对电力能源使用时的安全可靠进行保障，通过智能配电网的调控，使综合电能供给效果有很大的提升，可是，就目前来说，还有很多的问题出现在我国的供电网运行管理上。

第一，配电网建设水平相对落后。在一些经济发展较差的地区，智能配电网的建设相对不足，导致电力供应无法满足用户需求。这使得这些地区的用户面临供电不足、电能质量不稳定等问题，阻碍了当地电力发展。

第二，管理方式不科学。目前配电网的管理方式存在问题，缺乏科学合理的管理模式和规范。这导致频繁的停电现象、电网超负荷运行和电能损耗严重等问题的发生，给用户的日常生活造成了很大的影响，同时也给电力部门的维修人员增加了压力。

第三，自动化程度较低。与输电网相比，我国配电网的自动化程度较低，缺乏先进的自动化技术和设备。这导致配电网供电水平不够稳定和可靠，给供电质量带来干扰，影响用户的正常用电体验，也降低了供电的可靠性。

第四，配电网的信息化水平也需要进一步提升。信息化技术在配电网运行管理中的应用仍然有待加强，包括实时监测、数据分析与处理、故障诊断与排除等方面的应用，以提高配电网的运行效率和故障处理能力。

为了改进配电网运行管理的不足，需要加大对配电网建设的投入力度，提高智能配电网的覆盖范围和水平。同时，制定科学合理的管理制度和规范，提升管理水平，确保配电网的稳定运行和供电质量。加强自动化技术的应用，提高配电网的自动化程度，提升供电的可靠性和灵活性。此外，加强信息化技术在配电网管理中的应用，提高数据的采集和分析能力，为运行决策提供科学依据。

二、电力系统自动化维护工作的必要性

电力系统的自动化维护工作具有重要性和必要性。传统的维护方式对人力和物力的需求较大，并且存在一定的局限性，无法满足电力系统长期运行的需求。随着信息技术和科学技术的快速发展，自动化技术被广泛应用于电力系统，成为保障和提高电力系统运行安全性和稳定性的重要手段。

首先，自动化技术的应用可以提高电力系统的可靠性和稳定性。通过自动化设备和系统的监测和控制，可以实时获取电力系统的运行状态和参数，并进行快速响应和调整。自动化技术能够自动检测故障、预警风险、自动切换备用设备等，有效减少人为因素的影响，提高电力系统的稳定性和可靠性。

其次，自动化维护能够大大提高电力系统的安全性。自动化技术可以实现对电力设备和系统的实时监测和诊断，及时发现潜在问题和故障，并采取相应的措施进行处理。自动化系统能够自动执行操作和保护策略，避免人为操作错误带来的安全隐患，提高电力系统的安全性和防护能力。

再次，电力系统是一个复杂的系统，其中包含多个设备和部件，涉及各种技术和工艺。自动化维护可以通过对系统的集中管理和控制，提高管理效率和精确性，减少人为疏忽和错误带来的影响。自动化技术能够实现设备的智能化

监控、故障诊断和预测维护，提前发现和解决问题，减少停机时间和维修成本，提高系统的可用性和经济效益。

为了实现电力系统的自动化维护，需要注重科学的维护和管理，包括建立完善的维护流程和标准，制定规范的维护计划和措施，培养专业化的维护团队，利用先进的监测和诊断技术，建立健全的维护数据库和知识库，不断优化维护策略和方法。

三、电力工程中配电网自动化技术运用

（一）现场总线技术

现场总线技术在电力工程中的配电网自动化应用具有重要意义。该技术通过将多个设备的自动化装置连接到现场总线上，构建一个信息网络，利用计算机技术和传感器等形成综合技术模式，实现电力工程现场的自动化控制。

在施工过程中，现场总线技术可以准确监测和记录变电器总电量的使用情况。通过控制计算机接收和分析相关数据信息，将判断信号传送到相关控制设备中，实现对电力系统的自动化控制。这项技术的主要优势在于能够远程操作和监控电力工程施工现场，降低相关工作人员的管理困难。

现场总线技术的应用还可以通过提供供电数据来分析当前用户对电力的需求。相关技术工作者可以利用提供的供电数据，了解用户的用电情况和需求，并基于这些信息制定科学合理的发展策略。通过综合分析供电数据，可以优化电力系统的运行方式，提高供电效率和质量，满足用户的需求。

此外，现场总线技术还具有快速响应和高效控制的特点。通过现场总线系统，各个设备之间可以实现快速的数据交换和通信，实现实时监控和控制。这有助于及时发现和解决问题，提高配电网的稳定性和可靠性。

为了充分发挥现场总线技术的优势，需要注意以下几个方面。首先，要确保现场总线系统的稳定性和可靠性，避免通信中断和数据丢失。其次，需要建立完善的数据模型和算法，实现对供电数据的准确分析和预测。再次，还需要加强技术人员的培训和管理，提高他们对现场总线技术的理解和应用能力。

（二）光互连技术

光互连技术在电力工程中的配电网自动化应用具有重要意义。该技术主要

应用于继电系统和控制系统，通过利用探测功率限制扇出数，解决了以往平面和电容性负载对电力系统的影响，从而有效提升了电力系统的集成度。尤其在管理和监控方面，光互连技术发挥了重要的作用。

光互连技术的应用特点主要体现在以下几个方面。第一，光互连技术具有无电磁干扰和宽频带的特点，为数据提供了更多的传输方式。相比传统的电气连接方式，光互连技术可以实现更高的传输速率和更稳定的信号质量，提高了数据传输的可靠性和稳定性。

第二，光互连技术利用电子交换技术扩展了互联网络的范围，使得设备之间的连接更加灵活和可扩展。这样可以满足电力系统不断增加的连接需求，并为系统的扩展和升级提供了便利。

第三，光互连技术在配电网自动化中还具有强大的数据处理功能。它可以对电力系统提供的大量数据进行自动整理和分析，识别潜在的故障问题，并确定故障的位置。这为相关维修工作人员提供了及时准确的故障信息，使得故障处理工作可以在最短的时间内进行，减少了因故障带来的损失和停电时间。

第四，光互连技术还具有较低的能耗和较长的传输距离，使信号传输更加稳定可靠。它可以适应复杂的电力环境，如高温、高湿等，保持良好的工作状态。这对于电力系统的可靠性和稳定性至关重要。

为了充分发挥光互连技术的优势，需要关注以下几个方面。首先，要保证光纤的质量和稳定性，避免光纤损耗和信号衰减。其次，需要建立完善的监测和维护机制，定期对光互联设备进行检测和维护，确保其正常运行。再次，还需要加强技术人员的培训和管理，提高他们对光互连技术的理解和应用能力。

（三）主动对象数据库技术

主动对象数据库技术是一种具有主动性的数据技术，在满足电力系统不断发展的需求方面发挥着关键的作用。将主动对象数据库技术应用于电力工程的监控系统中，与传统的数据库技术相比，存在着一些显著的差别。

首先，电力通信自动化技术注重电力系统技术成效，这种技术在电力工程中得到了广泛的应用。它对工程中使用的软件研发和作业环境进行了优化，特别是在电力通信自动化技术应用于工程监控中时，能够自动获取所需的数据资料，并在最短的时间内进行数据处理，从而提升了数据处理工作的针对性和效率。

其次，主动对象数据库技术在电力工程中的应用主要体现在数据处理和作用对象的确定方面。通过使用自动化技术，电力工程相关人员能够更快速、准确地获取和处理所需的数据信息，实现对电力系统的实时监测和调节。这种技术的应用使得电力工程人员能够更好地理解和分析电力系统的运行情况，做出更加科学合理的决策，提高数据信息的准确性和可靠性。

主动对象数据库技术在电力工程中的运用具有重要意义。它通过自动化技术的应用，实现了对电力系统数据的快速获取和准确处理，为电力工程的监控和调节提供了强有力的支持。在未来的发展中，随着电力系统的不断升级和自动化程度的提高，主动对象数据库技术将发挥更大的作用，为电力工程的运行和管理带来更多的优势和效益。

（四）PLC 自动化技术

PLC（可编程逻辑控制器）自动化技术是一种将计算机应用技术和继电接触控制技术相结合的技术，用于电力系统的控制和数据处理。在变电站的自动化系统中，PLC 技术主要由主站、远方终端单元、线路传感器、远方控制 SF6 和通信电缆等五个部分组成。

首先，在变电站施工现场安装远程测控终端装置，该装置主要负责采集开关状态和模拟量等信息，并通过专门设置的传输通道将数据传输到主站系统监控中心。这样，监控中心可以实时获取变电站各设备的运行状态和参数，进行远程监测和控制。

其次，远程测控终端装置具有遥控功能，可以根据操作人员的要求进行遥控操作。操作指令经过传输后，远程终端装置将操作结果返回至主站系统监控中心，实现对变电站设备的遥控操作。

再次，PLC 自动化技术能够对存储器中的可编程程序进行控制，完成数据采集、处理等任务。它具备高速数据传输和转换能力，能够快速、准确地处理大量数据，并将处理结果反馈给主站系统。通过对数据的采集、处理和传输，PLC 技术进一步完善了电网运行管理工作，实现对配电网运行状态的合理控制。

总的来说，PLC 自动化技术在电力工程中的应用具有重要意义。它通过实时数据采集、远程监控和控制等功能，提高了电力系统的运行效率和可靠性，减少了人工干预，提升了电力工程的自动化水平。随着技术的不断发展和创新，PLC 技术在电力工程中的应用前景将会更加广阔，为电力系统的安全、稳定和高效运行提供强有力的支持。

第二节　电力系统自动化与智能电网的应用

一、在智能电网电缆敷设空间设计方面的应用

在智能电网的建设中，电缆敷设空间设计是一个关键的工作，它对于智能电网系统的可靠运行和优化效果起着重要作用。通常情况下，电缆敷设空间设计采用自上而下的分布方式，通过合理的空间规划来解决空间限制所带来的问题。

在进行智能电网系统设计时，相关工作人员需要从多个角度出发，深入理解智能电网空间设计的重要性，并从多个方面展开研究，以确保设计方案能够满足实际应用的要求。实现智能电网空间设计的最佳措施往往是电力系统自动化技术的应用。通过电力系统自动化技术，可以采用均匀分布的方式，对电缆的间隔和距离进行严格规定，明确区分智能电网系统中的单根和多根电缆，解决电缆的叠置问题，从而保证智能电网在高负荷压力下具有更好的控制能力。

此外，排列规则也是智能电网空间设计中需要注意的技术环节。合理地排列规则可以为电网空间设计提供基本保障，确保电缆的布置更加合理和高效。通过科学的排列规则，可以优化电缆的布置，减少电缆之间的干扰，提高电网的可靠性和稳定性。

智能电网电缆敷设空间设计是智能电网建设中不可忽视的重要环节。通过合理应用电力系统自动化技术和科学地排列规则，可以实现电缆的高效布置，优化智能电网系统的性能和运行效果，为智能电网的安全、稳定和高效运行提供有力支持。

二、在智能电网整体系统上的应用

智能电网的设计工作需要注重整体系统的构建，以确保设计的质量和可行性能够满足当前社会发展的要求。传统的智能电网整体系统设计是基于相关工作人员进行多角度的调查和数据分析，制定设计方案。尽管传统方法有一定效用，但随着社会信息技术的不断发展，已无法满足日益复杂的智能电网整体系统构建需求。

在当前社会条件下，智能电网整体系统设计需要更具自动化优势的技术形式，而电力系统自动化技术正是满足这种需求的技术。电力系统自动化技术不仅可以减少人力资源的使用，还需要更专业的技术人员进行操作，实现人力资源的节约和综合素质的提升。在智能电网整体系统构建过程中，电力系统自动化技术能够紧密结合智能电网的运行环节，根据社会实际情况，确保整体系统的科学性和稳定性，满足社会发展对电力资源的要求。

因此，做好智能电网整体系统的构建工作是至关重要的。在这个过程中，应充分利用电力系统自动化技术的优势特点，以提升整体系统性能。通过合理应用电力系统自动化技术，实现智能电网的高效运行和可持续发展，最终确保智能电网建设工作能够顺利完成，为社会提供可靠、高效的电力资源服务。

三、在智能电网开关控制方面的应用

智能电网的应用水平提升要求智能开关能够实现自动化控制，而实现这一目标需要依靠电力系统自动化技术的支持。在智能电网中，智能开关控制起着重要的作用，它需要具备高精度和高灵敏度的特点，并且在系统中合理布置，通过关键点的控制来形成分布式控制系统，以实现对整个电网系统的调控。因此，在应用电力系统自动化技术时，应将自动化特性和科学化融入智能开关的创新研究中，注重提升智能开关的自动化水平。

通过应用电力系统自动化技术，智能开关能够更加准确和及时地切断电源，确保智能电网在发生故障时的安全性。此外，电力系统自动化技术还能实现电力通信的智能化和自动化，进一步提升智能电网的运行效率和稳定性。在智能电网开关控制方面的应用中，电力系统自动化技术的深入应用将有助于提升智能电网的合理性，并确保电网运行的水平和质量，从而为社会大众提供更加稳定可靠的电力资源供应。

电力系统自动化技术在智能电网开关控制方面的应用具有重要意义。通过充分发挥自动化技术的优势，提升智能开关的自动化水平，能够实现智能电网的高效运行和优质供电，为社会提供可靠、高质量的电力服务。通过电力系统自动化技术的不断创新和应用，智能电网将能够更好地应对各类电力需求和运行挑战，为能源领域的可持续发展做出贡献。

第三节　电网计量自动化系统的建设与应用

一、电网计量自动化系统的建设

（一）系统总体设计

电网计量自动化系统的建设是为了实现电力系统的计量数据自动采集、处理和管理，提高计量数据的准确性和效率。

（1）系统结构设计确定系统的层次结构和模块划分。可以采用分布式架构，将系统分为数据采集模块、数据处理模块和数据管理模块等，确保各模块功能清晰、协同工作。

（2）数据采集设计确定采集点的布置和数据采集设备的选型。根据电力系统的特点和需求，在关键位置安装计量装置和传感器，并选择适当的通信方式和协议，确保准确、稳定地采集计量数据。

（3）数据处理设计确定数据处理的流程和算法。对采集到的数据进行清洗、校验、计算和分析，提取有用的信息，并生成相应的报表和统计结果，以满足不同用户和部门的需求。

（4）数据管理设计确定数据存储和管理的方式。建立合适的数据库结构，存储计量数据和相关信息，并提供灵活、高效的数据检索和查询功能，以支持数据分析、监测和决策等业务需求。

（5）安全设计确保系统的安全性和可靠性。采用安全措施和技术手段，保护计量数据的机密性、完整性和可用性，防止未经授权的访问和篡改。

（6）系统集成设计考虑与其他电力系统和管理系统的集成。与配电自动化系统、能源管理系统等进行接口对接，实现数据共享和业务协同，提高整体系统的效益和综合管理水平。

在系统总体设计的过程中，需要充分了解电力系统的特点和需求，与相关部门和用户进行密切合作，充分考虑系统的可扩展性、可靠性和易用性，确保系统能够适应电力系统的发展和变化，并为电网计量工作提供可靠的支持和服务。

（二）计量自动化系统的组成

电网计量自动化系统由多个组成部分构成，每个部分都承担着特定的功能和任务，共同实现对电力系统计量数据的自动化采集、处理和管理。

（1）数据采集设备。包括计量装置、传感器和智能电表等。这些设备安装在电力系统的关键位置，用于实时采集电力参数数据，如电流、电压、功率、功率因数等。

（2）数据传输通信设备。用于将采集到的计量数据传输到数据处理中心。通常使用各种通信技术，如无线通信、有线通信、光纤通信等，确保数据的可靠传输和及时性。

（3）数据处理中心。负责接收、存储和处理采集到的计量数据。数据处理中心通常包括数据服务器、数据库和计算机系统，能够对大量的计量数据进行高效的处理和分析。

（4）数据处理软件。用于对采集到的计量数据进行处理、计算和分析。这些软件可以根据用户需求，生成报表、图表、趋势分析和统计结果等，提供有用的计量数据信息。

（5）用户接口和显示设备。为用户提供可视化的界面，方便用户查看和管理计量数据。包括计量数据显示屏、监控界面、报警系统等，使用户能够实时监测电力参数和系统状态。

（6）数据管理和安全设备。用于管理和保护计量数据的安全性和完整性。包括数据备份系统、数据加密和权限控制，确保数据的可靠性和隐私保护。

（7）系统监控和管理工具。用于监控和管理整个计量自动化系统的运行状态和性能。包括故障监测、远程维护、设备管理和系统优化等功能，保证系统的稳定运行和高效管理。

以上是电网计量自动化系统的主要组成部分，每个部分的协同工作，实现了对电力系统计量数据的全面自动化处理和管理，提高了数据的准确性、时效性和可用性，为电力系统的运行和管理提供了重要支持。

（三）计量自动化系统性能要求

计量自动化系统的性能要求包括以下几个方面。

（1）安全性。计量自动化系统必须具备高度的安全性，确保计量数据的机密性、完整性和可用性。系统应具备严格的访问控制机制，包括身份验证、权限管理和数据加密等，以防止非法访问和数据泄露。此外，系统应具备完善的防火墙和安全监测机制，及时发现并应对安全威胁。

（2）可靠性。计量自动化系统需要具备高度的可靠性，确保数据采集和传输的准确性和稳定性。系统中的设备和通信网络应具备良好的性能和可靠性，能够在各种工作环境和条件下正常运行。此外，系统应具备故障自动检测和恢复能力，及时处理设备故障或通信中断，确保系统的连续运行。

（3）可扩展性。计量自动化系统应具备良好的可扩展性，能够满足未来系统发展和需求的变化。系统的数据库应具备扩展性，能够处理不断增加的数据量。硬件资源应具备扩展能力，以适应系统规模的扩大。此外，系统的应用功能应具备扩展性，能够根据需求进行功能模块的添加或升级。

（4）性能和效率。计量自动化系统需要具备良好的性能和高效率，以确保数据的及时采集、处理和传输。系统的数据采集设备应具备高精度和高灵敏度，能够准确采集各项计量数据。数据传输通信设备应具备高带宽和快速传输能力，以保证数据的实时性。数据处理中心和软件应具备高效的数据处理和分析能力，能够迅速生成报表和分析结果。

（5）用户友好性。计量自动化系统应具备良好的用户界面和易用性，方便用户进行操作和管理。系统应提供直观的数据展示和操作界面，支持用户自定义查询和报表生成。此外，系统还应提供及时的报警和异常提示功能，帮助用户及时发现和处理问题。

计量自动化系统的性能要求包括安全性、可靠性、可扩展性、性能和效率以及用户友好性等方面，通过满足这些要求，系统能够实现高效、准确和可靠的计量数据采集、处理和管理。

二、电网计量自动化系统的应用

（一）在客户服务工作领域的应用

（1）用电信息实时监控。通过电网计量自动化系统，可以实时监测客户的用电信息，包括用电量、功率因数、电压等数据。这些数据可以提供给客户服务人员，帮助他们更准确地了解客户的用电情况，及时发现异常情况或能耗异常，以提供相应的解决方案。

（2）故障检测和处理。电网计量自动化系统可以监测客户的用电设备状态，及时发现设备故障或异常情况。一旦发生故障，系统可以自动发送报警信息给客户服务人员，使其能够迅速响应并派遣维修人员进行处理，最大限度地减少停电时间和影响客户的生产和生活。

（3）能耗管理和优化。通过电网计量自动化系统，客户可以实时了解自己的能耗情况，包括高峰用电时段、能耗峰值等。客户服务人员可以根据这些数据为客户提供能耗管理建议，帮助客户合理制订用电计划，优化能耗结构，降低用电成本，提高能源利用效率。

（4）客户信息管理。电网计量自动化系统可以帮助客户服务人员进行客户信息的管理和维护。系统可以记录客户的基本信息、用电需求、历史用电数据等，并将其与用电设备关联起来。这样，客户服务人员可以更好地了解客户的需求，提供个性化的服务和解决方案，提高客户满意度和忠诚度。

（5）客户服务升级。通过电网计量自动化系统，客户服务人员可以提供更加智能、个性化的服务。系统可以根据客户的用电特点和需求，推荐节能措施、用电优化方案，并通过数据分析和预测，提供定制化的服务建议，以满足客户的不同需求和期望。

电网计量自动化系统在客户服务工作领域的应用可以提供更精准、高效的服务，帮助客户管理能耗、提高用电效率，同时也提升了客户服务人员的工作效率和服务质量，为客户提供更好的电力服务体验。

（二）计量管理和用电检查的应用

电网计量自动化系统在计量管理和用电检查方面的应用具有广泛的优势和

作用。

（1）计量管理。计量自动化系统通过采集和分析电力系统的历史数据，可以对电能计量进行精确管理。系统可以实时监测电能计量设备的运行状态和准确度，识别异常情况和故障，并及时发出警报。通过对历史数据的分析，可以评估电能计量设备的性能和精确度，提供决策支持，减少计量误差，确保计量准确性和公正性。

（2）用电检查。计量自动化系统可以通过远程在线监测对用电行为进行检查和监察。系统能够实时监测用户的用电行为和用电负荷，发现异常用电情况，如超负荷、用电波动等，并及时发送警报。同时，系统可以对重点监察地段进行准确定位，提供定位信息，方便检查人员实施监察工作。这样可以有效查处违规用电行为，维护电力市场秩序，确保电力资源的合理分配和公平竞争。

（3）故障分析和解决。计量自动化系统通过数据采集和分析，能够帮助快速定位和解决电能计量设备故障。系统可以实时监测设备运行状态，识别故障模式，并提供故障诊断和处理建议。这样可以减少故障对用户用电造成的影响，提高电能计量设备的可靠性和稳定性，降低维修成本。

（4）资源管理和节能优化。计量自动化系统可以对能源资源进行实时监测和管理。系统可以记录用户的能源消耗情况，分析能源利用效率，提供节能优化建议。通过监测和分析，可以发现能源浪费和低效用电现象，促进用户节能意识的提高，实现能源资源的有效利用和节约。

电网计量自动化系统在计量管理和用电检查方面的应用，能够提高计量准确性、实时监测用电行为、准确定位异常情况、解决故障问题、优化能源利用等，进一步提升电力系统的管理效能和服务质量，促进电力行业的可持续发展。

第四节 智能电网对低碳电力系统的支撑作用

一、智能电网的先进特点

通过对比智能电网和普通电网能够发现，智能电网的先进性主要体现在下列几个方面。

（1）强大的基础设施与技术支撑。智能电网建立在强大的基础设施和技术支持之上。它能够有效抵御外界的干扰和攻击，并适应大规模清洁和可再生能源的接入。这使得电网更加稳定可靠，并为可持续能源的普及提供了坚实的支持。

（2）全景信息感知。智能电网利用信息、传感器和自动控制等技术，与电网中的每个重要设备有机结合，实现了对电网的全面感知。它能够实时获得各种数据信息，快速发现并隔离故障，促使电网能够自我修复。这大大降低了停电和电力事故的风险。

（3）网络协调与存储能力。智能电网采用了网广协调、电力存储和配电自动化等技术，使得电网运行更加灵活和经济。它能够适应多个分布式电源、微电网和其他用电设备的接入，优化电能的分配和利用效率。

（4）高效能与节能减排。智能电网通过信息、通信和现代管理技术的应用，提高了设备运行的效率，并减少了电能的损耗。它能够更加精确地预测和调度电力需求，优化电网运行，提高能源利用效率，减少碳排放，促进可持续发展。

（5）双向服务与用户参与。智能电网改变了传统的单向服务模式，实现了双向服务。用户可以获取更多关于电网供电能力、电价明细等信息，能够更好地安排用电。智能电网促进了用户的参与和合理用电，推动了能源消费的智能化和可持续发展。

二、智能电网发挥促进作用

智能电网的发展和应用对全球经济社会发展具有广泛的促进作用。

（1）低碳经济发展。智能电网的建设对应对全球气候变化至关重要。它能够推动清洁能源的开发和利用，降低温室气体的排放量。通过整合可再生能源、能源存储和智能配电等技术，智能电网实现了能源的高效利用和智能调度，促进了低碳经济的发展。

（2）能源结构优化。智能电网的建设推动能源结构的优化和升级。智能电网整合了多种能源形式，如太阳能、风能、地热能等，实现了能源的互补和平衡。这种多能源的综合利用可以确保能源供应的稳定性，减少对传统能源的依赖，提高能源利用效率。

（3）能源运输和利用效率提升。智能电网的建设提高了能源运输和利用的效率。通过智能感知、监测和控制，智能电网实现了对电力系统的实时管理和调度，减少了能源的损耗和浪费。智能电网的优化能源配置和灵活调度，使得电力系统运行更加高效、可靠和经济。

（4）技术创新和产业发展。智能电网的建设推动了相关技术的创新和发展。在智能电网的构建过程中，涉及能源互联网、物联网、大数据分析等领域的技术创新。这些创新促进了相关产业的发展，推动了装备制造、信息通信等领域的优化和升级，为就业扩展和经济增长提供了新的动力。

（5）用户参与和服务改善。智能电网实现了用户与电力系统的双向互动，改变了以往的单相供电模式。用户可以更加参与能源消费的决策和管理，通过智能电网的信息反馈，了解电力供应的情况和电价明细，合理安排用电。这提升了用户的参与度和满意度，促进了国民生活水平的提高。

总而言之，智能电网的发展和应用在能源、经济、环境和社会等多个领域具有广泛的促进作用。它为实现可持续发展和应对气候变化提供了技术和战略支持，推动了能源转型和经济社会的可持续发展。

第五节　电力系统电气工程自动化的智能化运用

一、智能技术在电气工程中的应用优势分析

（一）提升电气工程可靠性

在电力系统电气工程中，包含了大量的电气设备，这些设备在运行的过程中，存在许多的不稳定因素，容易引发电力事故。在智能技术的影响下，电气工程更加可靠，对电气设备的控制效率更高，效果更强，可以对系统进行全面的监测，对于系统运行过程中出现的问题，会马上发现并上报，整个过程瞬间完成，耗时较少，有助于实现系统运行问题的快速排除，通过智能技术的有效利用，电力资源的供应稳定性可以得到保证，系统更加可靠，更好地满足了用户对电力资源的需求。

（二）拓展系统功能

在传统的电力系统电气工程中，功能相对单一，自动化程度不足，用户与系统之间无法实现有效互动，用户的用电体验不佳，这种情况对于电力企业的发展非常不利，无法赢得客户认可。智能技术在电气工程中的应用，可以实现数据的自动化收集处理，在技术革新的作用下，电气工程的功能得到了有效的完善，利用数字化以及可视化技术，用户可以与系统进行高效的互动，电力企业方面也可以结合用户需求，制定出更加人性化的业务体系，电力服务质量显著提升，企业的服务更容易得到用户认可，对于电力企业的发展有非常明显的促进作用。

（三）有利于优化系统结构

电力系统结构的优化一直都是电力领域非常关注的问题，在社会的发展过程中，电力系统也越发复杂，网络覆盖范围更大，就当前形势来看，智能化的

电力工程发展趋势已经成为必然，在这个发展历程中，必须要对系统结构进行不断优化，这样才能促进电气工程的发展。利用智能技术，可以全面获取电气工程运行信息，企业方面可以结合这些信息，对系统结构进行优化调整，精准地处理各种系统运行问题，大幅度地提升电气工程运行稳定性，系统运行能耗也会明显降低，具有非常重要的现实意义。

二、智能技术在电力系统电气工程中的应用策略

（一）智能故障处理技术的应用

在电气工程运行过程中，由于受到各种因素的影响，自动化产品很容易出现各类故障，故障的发生会严重地影响产品功能，甚至会引发生产风险。

（1）故障监测和预警。智能技术可以对电气系统中的各种设备参数进行实时收集和监测。通过传感器、监控装置等设备，可以获取设备的工作状态、温度、电流、电压等数据信息。当设备参数异常时，智能技术能够及时发现并发出警报，提醒工作人员注意。这种实时监测和预警功能可以帮助提前识别潜在的故障风险，减少故障发生的可能性。

（2）快速故障诊断。智能技术通过对设备参数的分析和比对，能够快速诊断故障原因。通过设备的历史数据和实时监测数据，智能技术可以对设备的工作状态进行分析，并与预设的故障模式进行比对。当系统出现故障时，智能技术可以自动识别故障类型，并提供相应的诊断结果和建议，帮助工作人员快速定位和解决问题。

（3）故障隔离和保护。智能技术可以实现对故障区域与正常区域的隔离控制。当系统中的设备发生故障时，智能技术可以自动切断故障区域的电源或隔离设备，以防止故障的扩散和对系统的进一步影响。通过智能技术的快速响应和准确控制，可以最大限度地减少故障对整个系统的影响，提供保护和安全性。

（4）故障记录和维护。智能技术可以记录故障发生的相关信息，包括故障类型、时间、位置、设备状态等。这些记录对于故障的后续维护和分析非常重要，可以帮助工作人员了解故障的发生原因、频率和趋势，制订相应的维护计划和改进措施。智能技术还可以生成故障报告和统计数据，为系统运行的优化

和决策提供依据。

（二）模糊控制技术的应用

模糊控制技术是智能技术的分支，模糊控制也是智能技术在电力电气工程中重要的应用方式，此项控制技术的应用进一步地强化了电气工程的自动化功能，系统运行效果明显提升。

（1）复杂系统控制。电力电气工程中的系统往往具有复杂性和非线性特征，传统的控制方法难以准确建立系统的数学模型和精确控制算法。模糊控制技术通过模糊逻辑推理和模糊集合地处理，能够处理系统输入和输出之间的模糊关系，使系统能够根据模糊的输入条件进行自适应的控制，有效应对复杂系统的控制问题。

（2）鲁棒性和容错性。电力电气工程中的系统往往受到环境变化、负载波动等因素的影响，传统控制方法对于这些变化较为敏感。而模糊控制技术具有良好的鲁棒性和容错性，能够在不确定和变化的环境中稳定运行，并对干扰和噪声具有一定的抗干扰素力，保证系统的稳定性和可靠性。

（3）知识表达和推理。模糊控制技术能够将专家知识和经验通过模糊规则的形式进行表达和推理，使得模糊控制系统能够根据专家的经验进行决策和控制。这种基于知识的控制方法使得系统能够更好地适应复杂的运行环境和不确定的情况，提高系统的性能和稳定性。

（4）自适应性和学习能力。模糊控制技术具有自适应性和学习能力，能够根据系统的反馈信息进行调整和优化。通过模糊推理和反馈控制，模糊控制系统能够根据实际运行情况进行参数调整和策略优化，以适应不同的工况和要求，提高系统的运行效率和性能。

模糊控制技术在电力电气工程中的应用能够处理复杂系统控制问题，具有鲁棒性、容错性，能够表达和推理专家知识，具备自适应性和学习能力。这些特点使得模糊控制技术成为处理电力电气工程中非线性、复杂系统的有效工具，可以提高系统的稳定性、可靠性和运行效率。

第六节　电力系统智能装置自动化测试系统的设计应用

一、电力系统智能装置自动化测试系统设计

（一）电力系统智能装置自动化测试系统总体架构设计

（1）平台选择和架构设计。在系统设计初期，需要根据实际需求选择适合的平台架构，包括单机或分布式平台。单机平台结构相对简单，适用于较简单的测试任务；而分布式平台可以利用多台计算机协同工作，提高运算速度和资源利用效率。根据需求确定系统的主机和从机数量，建立主从机之间的通信和协作机制。

（2）虚拟环境建立。设计一个虚拟环境来模拟真实的电力系统，包括电力设备、传感器、通信网络等组成部分。虚拟环境可以通过软件模拟工具或硬件仿真设备来搭建，确保测试的真实性和可靠性。在虚拟环境中，可以模拟不同的工作场景和故障情况，对智能装置进行全面的测试。

（3）主机任务发布和分配。在分布式平台中，主机负责任务的发布和分配。主机根据测试需求，将任务分配给从机进行并行计算。主机通过通信协议与从机进行交互，发送任务指令和接收计算结果。主机还负责收集和整合从机的计算结果，进行数据分析和处理。

（4）从机协同工作。从机接收主机分配的任务，并在各自的计算资源上进行并行计算。从机根据指令执行相应的测试操作，收集测试数据，并将结果发送回主机。从机之间可能需要进行通信和数据同步，确保测试的一致性和准确性。

（5）性能测试和数据分析。在虚拟环境中进行系统性能的测试，包括对智能装置的功能、响应时间、准确性等进行评估。测试数据可以进行实时监测和

记录，并进行数据分析和可视化展示，以评估系统的可靠性和性能指标。

（6）系统优化和改进。根据测试结果和数据分析，对智能装置进行优化和改进。根据性能测试的结果，调整系统的参数和算法，提高系统的可靠性和性能。优化后的系统再次进行测试，以验证改进效果。

通过以上的系统设计，电力系统智能装置自动化测试系统可以实现任务调度和管理、容错和故障处理、安全和权限管理、可扩展性和可维护性等功能，进一步提高系统的稳定性、可靠性和可用性。系统可以更加灵活地适应不同的测试需求，并满足电力系统智能装置自动化测试的要求。

（二）自动测试控制平台

自动测试控制平台是电力系统智能装置自动化测试系统中的一个关键组成部分。它负责测试任务的开发、执行和结果处理等功能。

1.开发部分

（1）测试要求设计。根据测试需求，确定测试目标、测试场景、测试用例等要求。这包括对系统功能、性能、可靠性等方面的测试要求进行设计和规划。

（2）系统提交和数据库录入。将测试要求进行系统提交，并将相关信息录入数据库，包括测试任务的描述、优先级、执行时间等。这样可以方便后续任务的管理和追踪。

2.执行部分

（1）环境设定。进行整体环境的设定，包括测试环境的初始化和配置，确保测试环境符合要求并能够支持测试任务的执行。

（2）脚本选择。根据测试要求和测试场景的需求，选择合适的测试脚本。这些脚本可以是预先开发的，也可以是根据实际情况进行定制开发的。

（3）脚本测试执行。将选择好的脚本进行测试执行。系统会按照设定的执行顺序和参数，自动执行测试脚本，并监控测试过程中的各项指标和结果。

3.结果处理

（1）测试结果生成。在脚本测试执行完成后，系统会自动生成测试结果。这些结果包括执行日志、错误日志、性能数据等。系统将对这些结果进行整理和汇总。

（2）结果上报和处理。将测试结果上报给相关部门进行进一步的处理和分析。专业部门会根据测试结果，对系统的性能、功能、稳定性等方面进行评估和改进。

通过自动测试控制平台的设计，可以实现测试任务的自动化开发、执行和结果处理。它提供了一个集中管理和控制测试任务的平台，提高了测试任务的效率和一致性。同时，通过自动化的测试执行和结果处理，可以减少人为错误，提高测试的准确性和可靠性。系统可以根据测试需求进行灵活的配置和定制，满足不同的测试场景和要求。

（三）测试系统对保护测试仪的兼容性

为了确保电力系统智能装置自动化测试系统与不同厂家的保护测试仪的兼容性，可以采取以下设计措施。

1. 测试仪接口控制模块

设计测试仪接口控制模块，用于实现与不同厂家的保护测试仪之间的通信和控制。该模块通过与测试仪软件进行交互，打开测试系统定义的故障参数模板文件，并将相应的控制指令发送给测试仪。

2. 故障参数模板文件

在测试系统中定义一套统一的故障参数模板文件，用于与测试仪的上位机软件进行信息交互。这样，测试系统可以将测试要求和控制指令转化为符合测试仪上位机软件要求的格式，并将其传输给测试仪。

3. 信息交互与控制

通过测试系统与测试仪的信息交互和控制，实现对测试仪的控制操作。测试系统将测试任务的参数、指令和控制信号传输给测试仪，使其按照要求执行相应的测试操作。测试系统还可以接收来自测试仪的反馈信息，包括测试结果、状态信息等。

4. 兼容性调整

鉴于不同厂家的保护测试仪在参数设计和模板定义上可能存在差异，测试系统需要进行兼容性调整。这包括针对不同测试仪设备调整故障参数模板，确保测试系统能够正确解析和处理测试仪的返回数据，并实现对测试仪的稳定控制。

通过以上设计措施，电力系统智能装置自动化测试系统可以与不同厂家的保护测试仪实现兼容性。测试系统通过测试仪接口控制模块与测试仪进行通信和控制，将测试任务的参数和指令转化为适合测试仪上位机软件的格式，并实现对测试仪的稳定控制。同时，测试系统通过兼容性调整，适配不同测试仪设备的参数设计和模板定义，确保测试系统能够准确解析和处理测试仪的返回数据。这样，测试系统可以灵活应对不同厂家的保护测试仪，提高测试的可靠性和效率。

二、关键技术的实现

在电力系统智能装置自动化测试系统设计中，关键技术的实现主要涉及脚本语言和通信方式两个方面。

（一）脚本语言的实现

脚本语言在自动化测试中扮演重要角色，其测试的性能直接影响软件的使用效益。通过对脚本进行测试，可以降低工作人员的工作强度，便于软件测试和维护工作。脚本语言通常具备简单易学的特点，同时具有强大的系统控制能力，提高了系统的应用价值和开发效率。脚本语言的设计应符合系统需求，能够灵活控制系统，提高代码的复用性和利用率。

（二）通信方式的实现

作为一个分布式系统，嵌入式软件测试系统对软件通信有更高要求。通常情况下，通信方式分为测试层和控制层两个层次。控制层负责软件之间的通信，而测试层实现系统与外部环境的通信。为了满足系统对实时性的要求，测试系统可以划分为高层次、一般层次和低层次三个层次。不同层次对通信性能和安全性的要求有所不同。通过合理的系统设计和划分，可以提高通信的可靠性和实时性，并提高系统的开放性和功能划分。

（三）ICE61850 通信标准的应用

ICE61850 是国际上针对变电站自动化系统中的通信制定的标准，可以使设备之间的数据交换更加一致。该标准提供了一套通信模型和规范，确保设备之间的互操作性和数据一致性。在测试系统设计中，应考虑采用符合 ICE61850 标准的通信方式，以确保系统在通信上的兼容性和可靠性。

参考文献

[1] 郭蓓.10 kV 中压配电网网架规划方法的研究 [D]. 吉林：东北电力大学，2019.

[2] 高普杰. 分布式光伏电源接入中低压农配网的电网规划研究 [D]. 北京：华北电力大学，2017.

[3] 邢海军，程浩忠，张沈习，等. 主动配电网规划研究综述 [J]. 电网技术，2015，39（10）：2705-2711.

[4] 陈彬，于继来. 强台风环境下配电线路故障概率评估方法 [J]. 中国电力，2019，52（5）：89-95.

[5] 杜雅昕，张婷婷，张文. 极端天气下计及电 - 气互联影响的配电网弹性评估 [J]. 供用电，2019，36（5）：8-13.

[6] 汪洑，丁阳，陈春，等. 含 DGs 的配网多阶段故障恢复 [J]. 湖南大学学报（自然科学版），2019，46（4）：55-64.

[7] 谢涛，蒯圣宇，朱晓虎，等. 基于改进遗传算法的配电网故障定位方法 [J]. 沈阳工业大学学报，2019，41（2）：126-131.

[8] 刘健，芮骏，张志华，等. 智能接地配电系统 [J]. 电力系统保护与控制，2018，46（8）：130-134.

[9] 周念成，肖舒严，虞殷树，等. 基于质心频率和 BP 神经网络的配网故障测距 [J]. 电工技术学报，2018，33（17）：4154-4166.

[10] 王帅，毕天姝，贾科. 基于主动脉冲的 MMC-HVDC 单极接地故障测距 [J]. 电工技术学报，2017，32（1）：12-19.

[11] 陈冉，陆健，刘明祥，等. 适应分布式馈线自动化的配电网拓扑模型生成方法 [J]. 南方电网技术，2019，13（1）：60-65.

[12] 张安龙，李艳，黄福全，等. 基于动态拓扑分析的配电网自适应保护

与自愈控制方法 [J]. 电力系统保护与控制，2019，47（11）：111-117.

[13] 周新 . 电力调度自动化运行中的网络安全问题处理措施 [J]. 通讯世界，2019，26（12）：224-225.

[14] 颜亮 . 浅论 VPN 的电力调度数据网络安全方案 [J]. 通讯世界，2019，26（5）：194-195.

[15] 侯红梅 . 浅谈电力调度自动化运行中的网络安全问题及解决对策 [J]. 中国高新技术企业，2017（1）：141-142.

[16] 蒋斌 . 电网调度自动化系统设计及其数据网络安全防护 [J]. 电子元器件与信息技术，2020，4（2）：43-44.

[17] 俞学文，唱环凯，杜永祥 . 变电站电气自动化与电力安全运行研究 [J]. 山东工业技术，2018（21）：178.

[18] 张惠峰 . 关于变电站电气自动化实现电力安全运行的对策探讨 [J]. 科技与创新，2020（7）：122-123.

[19] 赵玉江，赵宸煜 . 电气自动化技术在变电站中的应用 [J]. 通信电源技术，2017，34（6）：261-262.

[20] 陈宏 . 变电站电气自动化与电力安全运行初探 [J]. 中国高新区，2017（6）：96.

[21] 马立才 . 变电站电气自动化控制系统分析及其应用 [J]. 电气技术与经济，2019（1）：13-14，17.

[22] 许懿，史成钢，李军 . 对 220 kV 变电站电气自动化系统控制的分析 [J]. 广东科技，2011，20（24）：136-137.

[23] 常雯雪 . 变电站电气自动化与电力安全运行探讨 [J]. 信息系统工程，2018（11）：73.

[24] 梁业盈 . 浅谈变电站电气自动化及电力安全运行 [J]. 电子世界，2016（22）：132.

[25] 司树华 . 变电站电气自动化与电力安全运行研究 [J]. 电子技术与软件工程，2016（5）：144.

[26] 任立新 . 变电站电气自动化与电力安全运行研究 [J]. 设备管理与维修，2019（4）：117-118.

[27] 芦琳娜 . 变电站自动化控制系统设计与实现 [J]. 机电工程技术，2018，47（9）：83-84，104.

[28] 王加梁 . 电气工程及自动化智能化技术在建筑电气中的应用探讨 [J]. 绿色环保建材，2020（9）：189-190.

[29] 任伟娜 . 新媒体环境下人工智能技术在电气工程中的应用研究 [J]. 记者观察，2019（29）：141.

[30] 刘耀聪 . 电气工程及其自动化技术在智能建筑中的应用分析与探讨 [J]. 中国战略新兴产业，2018（40）：59.

[31] 陈蕴博 . 电气工程自动化中实现人工智能的技术方法研究 [J]. 中国设备工程，2017（20）：93-95.